U0187424

大数据查询技术与应用
(微课版)

亢华爱　林世舒　主　编

清华大学出版社
北京

内 容 简 介

本书系统地讲解了大数据查询技术涉及的知识体系，主要是 Hadoop 生态圈体系中的各个组件，包括 HDFS、Hive、Presto、HBase、Phoenix、Elasticsearch 和 dbeaver。

本书采用项目任务驱动的方式进行讲解，覆盖组件的工作原理、部署安装和使用方法，力求用简洁明了的语言帮助读者更有效地动手实践。

本书适合作为高等院校本科生、研究生的大数据及其相关课程的教材，也可以作为相关研究人员和工程技术人员的参考资料。

图书在版编目(CIP)数据

大数据查询技术与应用：微课版/亢华爱，林世舒主编. —北京：清华大学出版社，2023.9
ISBN 978-7-302-64541-2

Ⅰ.①大… Ⅱ.①亢… ②林… Ⅲ.①数据处理软件 Ⅳ.①TP274

中国国家版本馆 CIP 数据核字(2023)第 167138 号

责任编辑：梁媛媛
封面设计：李　坤
责任校对：翟维维
责任印制：丛怀宇

出版发行：清华大学出版社
    网　　址：http://www.tup.com.cn, http://www.wqbook.com
    地　　址：北京清华大学学研大厦 A 座　　邮　　编：100084
    社 总 机：010-83470000　　邮　　购：010-62786544
    投稿与读者服务：010-62776969, c-service@tup.tsinghua.edu.cn
    质量反馈：010-62772015, zhiliang@tup.tsinghua.edu.cn
    课件下载：http://www.tup.com.cn, 010-62791865
印 装 者：北京嘉实印刷有限公司
经　　销：全国新华书店
开　　本：185mm×260mm　　印　张：13.25　　字　数：322 千字
版　　次：2023 年 9 月第 1 版　　印　次：2023 年 9 月第 1 次印刷
定　　价：46.00 元

产品编号：099179-01

前　　言

随着信息技术的不断发展，数据出现爆炸式的增长。为了实现对大数据的高效存储管理和快速分析与计算，出现了以 Hadoop 为代表的大数据平台生态圈系统。随着数据的不断增长，大数据生态圈系统也在不断地发展。尤其是在国内，诸多科技巨头纷纷推出了自己的大数据平台，如阿里云大数据平台、腾讯大数据平台、华为大数据平台等。

笔者拥有多年大数据平台方向的教学与实践经验，并在实际大数据运维和开发工作中积累了一些经验，因此想系统地编写一本有关大数据查询技术方面的图书，力求能够完整地介绍大数据查询技术。希望本书能对大数据平台方向的从业者和学习者有所帮助，同时也希望给大数据生态圈体系在国内的发展贡献一份力量。相信通过本书的学习，能够让读者全面并系统地掌握大数据查询的相关技术，并能够在实际工作中灵活地运用。

本书特点

本书从大数据生态圈技术的基础理论出发，为读者全面系统地介绍每个相关知识点。本书中每个实验步骤都经过了笔者验证，力求帮助读者在学习过程中搭建实验环境，并指导实际工作。

本书涵盖了大数据查询技术涉及的 Hadoop 生态圈系统，内容包括体系架构、运维管理和应用开发。如果读者有一定的经验，可以重点选择部分章节进行阅读；如果读者是零基础，建议按照本书的顺序进行学习，并根据书中的实验步骤进行环境的搭建，相信在阅读本书的过程中，读者能够有所收获。

读者对象

由于大数据生态圈体系构建在 Java 语言之上，因此本书适合具有一定 Java 编程基础的人员阅读，其中特别适合以下读者。

- 高等院校本科生和研究生：通过阅读本书能够掌握大数据 Hadoop 生态圈系统的架构和原理。
- 平台架构师：通过阅读本书能够全面且系统地了解大数据生态圈体系，提升系统架构的设计能力。
- 开发人员：基于大数据平台进行应用开发的人员，通过阅读本书能够了解大数据的核心实现原理和编程模型，提升应用开发的水平。
- 运维管理人员：初、中级的大数据运维管理人员通过阅读此书，在掌握大数据生态圈体系架构的基础上，能够提升大数据平台的运维管理水平。

　　本书由亢华爱、林世舒担任主编，具体的编写分工为：亢华爱负责"项目一 企业人力资源数据的分析与处理"的编写，林世舒负责"项目二 电商平台订单数据的分析与处理"的编写。

　　尽管本书在编写过程中尽可能地追求严谨，但仍难免有疏漏之处，敬请各位读者批评指正。

编　者

目　　录

项目一

企业人力资源数据的分析与处理

【引导案例】

在企业人力资源的管理中需要对人力资源数据进行统计，从而掌握员工的相关信息，包括各部门的员工人数、员工工资的分布情况、员工的职位变动情况等。

任务一　大数据存储技术基础

【职业能力目标】

通过本任务的教学，学生理解相关知识之后，应达成以下能力目标。

● 搭建 Hadoop 大数据平台环境，实现高效存储。

● 在安装 Linux 操作系统的基础上，能够对 Linux 进行配置，并能进一步搭建单节点的 Hadoop 伪分布模式的环境。

【任务描述与要求】

● 任务描述

在企业人力资源的管理中需要对人力资源数据进行统计，从而掌握员工的相关信息，包括各部门的员工人数、工资的分布情况、员工的职位变动情况等。本任务为该项目的前置任务，将完成 Hadoop 平台的搭建。

● 任务要求

(1) 安装 Linux 操作系统，并完成系统的相应配置。

(2) 搭建单节点的 Hadoop 伪分布模式的环境。

【知识储备】

一、什么是大数据

1. 大数据的基本概念和特性

大数据的基本概念其实很抽象。下面我们通过两个具体的例子帮助大家理解大数据的基本概念以及大数据平台体系要解决的核心问题。

1) 案例一：电商平台的推荐系统

相信读者对这个案例应该不会感到陌生，在任何一个电商平台上都会有推荐系统的实现，如图 1-1 是某电商平台首页上推荐的商品信息。

现在我们提出一个具体的需求：把电商平台中过去一个月卖得好的商品推荐到网站的首页上。功能描述其实非常简单，但是如何实现呢？还有一点，推荐系统应该满足最基本的不同人的要求，即不同的人看到的推荐商品信息应该是不一样的。如何根据用户的喜好来进行推荐，这也是在具体实现推荐系统的时候需要考虑的因素。

我们要把过去一个月中卖得好的商品推荐出来，就需要基于过去一个月交易的订单来进行分析和处理。这样的订单会有多少？对于一个大型电商平台来说，这样的订单数据量肯定是一个非常庞大的数据流。所以在具体实现的时候，如何解决订单数据的存储和订单数据的分析计算，就成为推荐系统所要解决的核心问题。如果可以找到相应的技术手段来解决这样的问题，就可以利用机器学习中的推荐算法实现商品的推荐系统。

图 1-1 商品推荐

2) 案例二：基于大数据的天气预报系统

在实现天气预报的时候，例如预报北京地区未来一周的天气情况，如图 1-2 所示。如何实现呢？我们可能会把北京地区各个气象观测点的天气数据汇总起来，通过气象方面的专业知识进行分析和处理，从而做出一份天气的预报。但是，这样的数据汇总起来会有多少？肯定是一个非常庞大的数据量。如何解决大量气象数据的存储和大量气象数据的分析计算，将成为天气预报系统的关键技术点。

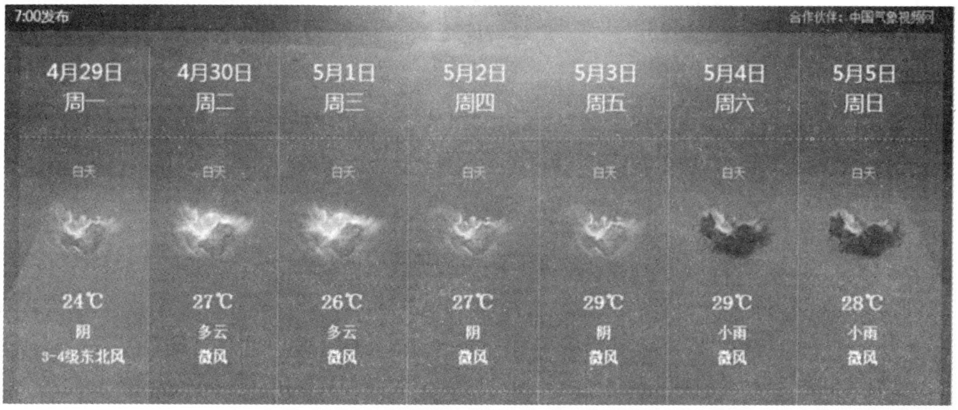

图 1-2 天气预报

通过上面的两个例子，读者不难总结出，在大数据平台体系中所要解决的核心问题不外乎两个方面：一方面是数据的存储；另一方面是数据的计算。解决了这两个核心问题后，我们就可以运用分析计算的结果来进行决策和判断。下面，我们引用百度百科中的一段文字来为大家介绍大数据的基本概念。

【提示】

大数据(Big Data)，指无法在一定时间范围内用常规软件工具进行捕捉、管理和处理的数据集合，是需要新处理模式才能具有更强的决策力、洞察发现力和流程优化能力的海量、高增长率和多样化的信息资产。

——摘自百度百科

2. 大数据平台所要解决的核心问题

大数据平台体系所要解决的核心问题是数据的存储和数据的计算。那么如何去解决这样的问题呢？

1) 数据的存储

由于数据量非常庞大，无法采用传统的单机模式来存储海量数据，而解决方案就是采用分布式文件系统来存储数据。简单来说，就是一台机器存储不了，就使用多台机器一起来存储数据。Google 的 GFS(Google File System)就是一个典型的分布式文件系统。并且 Google 也将 GFS 的核心思想和原理作为论文发布了出来，从而奠定了大数据平台体系中数据存储的基础，进一步有了 Hadoop 中的分布式文件系统 HDFS(Hadoop Distributed File System)。图 1-3 所示为一个分布式文件系统的基本架构。

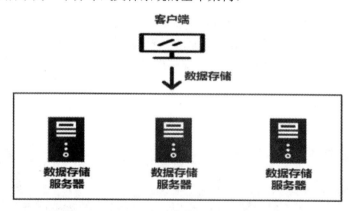

图 1-3 分布式文件系统的基本架构

2) 数据的计算

与数据的存储所面对的问题一样，由于数据量非常庞大，无法采用单机环境完成数据的计算问题，所以大数据的计算采用的也是分布式的思想，即分布式计算模型。简单来说，就是一台机器无法完成计算，就使用多台机器一起来执行计算。图 1-4 所示为一个分布式计算系统的基本架构。关于分布式计算模型的处理思想，我们将会在后续章节中结合 MapReduce 为读者做详细介绍。

而大数据生态体系中的计算又可以分为离线计算方式和流式计算方式。在学习具体的计算引擎之前，需要对一些常见的大数据计算引擎有初步的了解。

大数据离线计算，也叫作批处理计算。这种计算主要处理已经存在的数据，即历史数据。常见的大数据离线计算引擎有 Hadoop 中的 MapReduce、Spark 中的 Spark Core 和 Flink 中的 DataSet API。需要注意的是，Spark 中的所有计算都是 Spark Core 的离线计算，也就是说 Spark 中没有真正的实时计算，关于这个问题我们会在介绍 Spark 的时候再为读者做详细介绍。

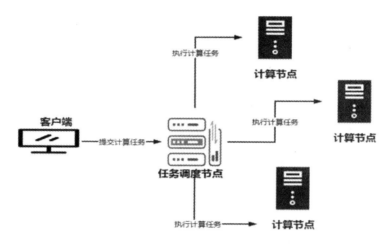

图 1-4　分布式计算系统的基本架构

大数据实时计算，也可以叫作流式计算。大数据实时计算主要处理实时数据，即任务开始执行的时候，数据可能还不存在，一旦数据源产生了数据，就由相应的实时计算引擎完成计算。常见的实时计算引擎有 Apache Storm、Spark Streaming 和 Flink 中的 DataStream。需要强调的是，Spark Streaming 本质上并不是真正的实时计算，而是一个小批的离线计算引擎。

3. 数据仓库与大数据

大数据生态圈组件其实是数据仓库的一种实现方式，那么什么是数据仓库呢？

【提示】

数据仓库，英文名称为 Data Warehouse，可简写为 DW 或 DWH。数据仓库是为企业所有级别的决策制定过程，提供所有类型数据支持的战略集合。它是单个数据存储，出于分析性报告和决策支持目的而创建的，可以为需要业务智能的企业，提供指导业务流程改进、监视时间、成本、质量及控制。

——摘自百度百科

简单来说，数据仓库其实就是一个数据库，我们可以使用传统的关系型数据库来实现，例如 Oracle、MySQL 等，也可以使用大数据平台的方式来实现。一般我们在数据仓库中只进行数据的分析处理，即查询操作，一般不支持修改操作，也不支持事务。图 1-5 所示为利用传统的关系型数据库来搭建数据仓库的过程。

在搭建数据仓库的时候，首先需要有数据源提供各种各样的数据，例如关系型数据、文本数据等；其次需要使用 ETL 把数据源中的数据采集到数据存储介质中，即抽取 (Extract)、转换(Transform)和加载(Load)的过程，图 1-5 是使用传统的 Oracle 和 MySQL 来进行数据的存储与管理；接下来，就需要根据应用场景的需要，使用 SQL 语句来对原始数据进行分析和处理，把结果存入数据集市中，而数据集市最大的特点就是面向主题，即面向最终业务的需要；最后把数据集市中的分析结果提供给最前端的各个业务系统。图 1-6 所示为使用 Oracle 创建的数据仓库。

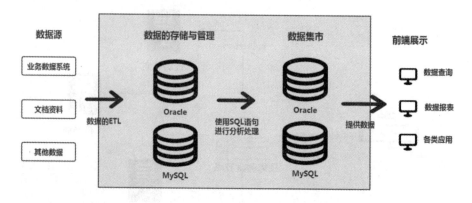

图 1-5　利用关系型数据库搭建数据仓库

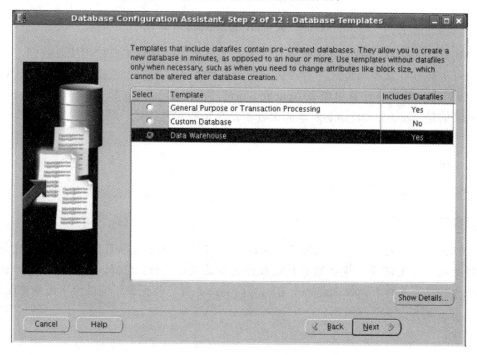

图 1-6　使用 Oracle 创建数据仓库

那么如何使用大数据生态体系中的组件来搭建数据仓库呢？图 1-7 所示为使用大数据生态圈中的组件来完成数据仓库搭建的过程。注意这里我们只讨论大数据生态圈体系本身提供的组件，对于第三方提供的组件就不进行介绍了。

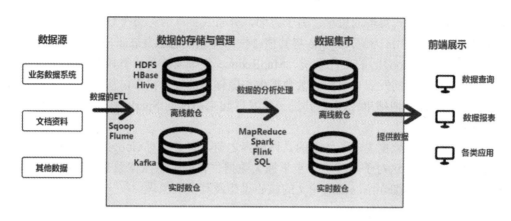

图 1-7　利用大数据搭建数据仓库

在搭建数据仓库的每个阶段，大数据生态圈体系都提供了对应的组件来实现，下面分别进行介绍。

1)　数据的 ETL

数据的 ETL 主要用于完成数据的采集、转换和加载的过程。在大数据生态圈体系中提供了 Sqoop 和 Flume 完成相应的工作，但是二者在 ETL 过程中的侧重点有所不同。Sqoop 的全称是 SQL to Hadoop，它是一个数据交换工具，主要针对的是关系型数据库；而 Flume 主要用于采集日志数据或者实时的数据，这些数据通常是文本的形式。

2)　数据的存储和管理

这里将搭建数据仓库来实现数据的存储，目前的数据仓库可以分为离线数仓和实时数仓。离线数仓主要用于存储离线数据，从而进行数据的离线处理与计算，可以基于 HDFS、HBase 或者 Hive 来实现；而实时数仓主要用于存储实时数据或者流式数据，从而进行数据的实时处理与计算，通常可以基于 Kafka 消息系统来实现。

3)　数据的分析处理

前面提到数据仓库分为离线数仓和实时数仓，因此在进行数据分析处理的时候，可以使用不同的计算引擎。在进行离线计算的时候，通常使用 MapReduce、Spark Core 或者 Flink DataSet API 完成；在进行实时计算的时候，使用 Apache Storm、Spark Streaming、Flink DataStream API 完成。

但是这里有一个问题，大数据生态圈体系提供的这些计算引擎都需要开发 Java 程序或者 Scala 程序，这对于很多不懂编程语言的数据分析人员来说不是特别方便。因此，在大数据生态圈体系中，也可以通过 SQL 的方式来分析和处理数据，例如 Hive SQL、Spark SQL 和 Flink SQL。

4)　数据集市

在完成数据的分析处理后，最终需要将数据存入数据集市中。这里我们可以利用前面介绍的内容来搭建相应的离线数仓和实时数仓。

二、大数据存储的理论基础

在前面的内容中曾经提到，大数据平台所要解决的问题是数据的存储和数据的计算，其核心采用的是分布式集群的思想；另一方面，分布式集群的思想在 Google 内部的技术系统中得到了很好的应用。因此，Google 将其核心技术体系的思想发表了出来，这就是"Google 的三驾马车"，即 Google 的文件系统、MapReduce 分布式计算模型和 BigTable 大表。正因为有了这三篇论文的发表，奠定了大数据生态圈体系的技术核心，从而有了基于 Java 的实现框架——Hadoop 生态圈体系，并进一步发展起来后续的 Spark 生态圈体系和 Flink 生态圈体系。

因此，在学习大数据生态圈体系的具体内容之前，有必要对 Google 的这三篇论文有一个比较清楚的了解，这对于后续进一步掌握大数据平台的生态圈体系非常重要。在本小节内容中，将为读者详细介绍这三篇论文的核心思想及其实现原理。

1. Google 的文件系统

Google 文件系统，即 Google File System 是一个典型的分布式文件系统，也是一个分布式存储的具体实现。图 1-8 所示为 GFS 的基本架构。

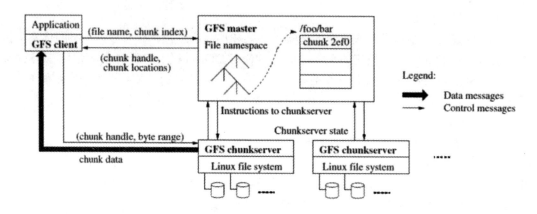

图 1-8　GFS 的基本架构

将数据存入一个分布式文件系统中，需要解决两方面的问题：如何存储海量的数据和如何保证数据的安全。如果有了解决的方案，就能够实现一个分布式文件系统来存储大数据，并且保证数据的安全，而这里将采用集群的方式，即采用多个节点组成一个分布式环境来解决这两个问题。下面我们分别进行讨论，从而引出 Hadoop 中的分布式文件系统 HDFS(Hadoop Distributed File System)的基本架构和实现原理。

1）　存储海量的数据

由于需要存储海量的数据信息，不能采用传统的单机模式进行存储。而解决的思想也非常简单，既然一个节点或者一个服务器无法存储，那么就采用多个节点或者多个服务器一起来存储数据，即分布式存储的思想，进而我们可以开发一个分布式文件系统来实现数据的分布式存储。图 1-9 所示为一个分布式文件系统存储数据的基本逻辑。

如图 1-9 所示，数据会被分割存储到不同的数据节点上，从而实现海量数据的存储。假设数据量的大小是 20GB，而每个数据节点的存储空间只有 8GB，那么就无法把数据存储在一个节点上。但是现在有三个这样的节点，假设每个节点的存储空间依然是 8GB，那么总的大小就是 24GB。我们就可以把这 20GB 的数据存储在这些节点共同组成的分布式文件系统上。如果下面的三个数据节点都被存储满了，则可以往这个文件系统中加入新的数据节点，如数据节点 4、数据节点 5······，从而实现数据节点的水平扩展。从理论上说，这样的扩展是无穷的，从而实现海量数据的存储。如果把上面的架构对应到 Hadoop 的分布式文件系统中，那么这里的数据节点就是 DataNode。

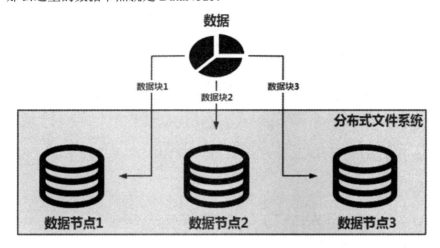

图 1-9　数据分布式存储的基本逻辑

这里还有一个问题，数据存储在分布式文件系统中的时候，是以数据块为单位进行存储，例如 HDFS 默认的数据块大小是 128MB。需要注意的是，数据块是一个逻辑单位，而不是一个物理单位，也就是说数据块的 128MB 与实际的数据量大小不是一一对应的。这里举一个简单的例子：假设需要存储的数据是 300MB，以 128MB 的数据块为单位进行分割存储，就会被分割成三个单元，如图 1-9 所示。前两个单元的大小都是 128MB，与 HDFS 默认的数据块大小一致；而第三个单元的实际大小为 44MB，即占用的物理空间是 44MB。但是第三个单元占用的逻辑空间大小依然是一个数据块的大小。

2)　保证数据的安全

数据以数据块的形式存储在数据节点上，如果某个数据节点出现问题或者宕机了，那么存储在这个节点上的数据块将无法正常访问。如何保证数据的安全呢？即不会因为某个数据节点出现问题，而造成数据的丢失和无法访问。在 Google 的 GFS 文件系统中就借鉴了冗余的思想，来解决这个问题。数据块冗余简单来说，就是同一个数据块多保存几份，并且将它们存储在不同的数据节点上。这样即使某个数据节点出现了问题，也可以从其他节点上获取同样的数据块信息，如图 1-10 所示。

在图 1-10 中，我们将数据块 2 同时保存到了三个数据节点上，即冗余度为 3。这样就可以从这三个数据节点中的任何一个节点上获取该数据块的信息。冗余思想的引入解决了分布式文件系统中的数据安全问题，但是会造成存储空间的浪费。在 Hadoop 的 HDFS 中，可以通过在 hdfs-site.xml 中设置参数 dfs.replication 来指定数据块的冗余度，默认值是 3。

```
<property>
    <name>dfs.replication</name>
    <value>3</value>
</property>
```

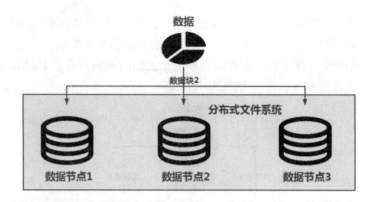

图 1-10　数据块的冗余

Hadoop 中有自己的分布式文件系统的实现，即 HDFS，图 1-11 所示为 HDFS 的基本架构。

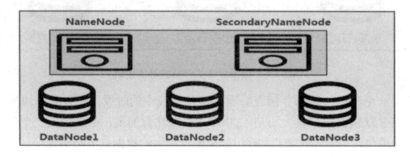

图 1-11　HDFS 的基本架构

在 HDFS 体系架构中，除了前面提到的 DataNode 数据节点外，还有 NameNode 和 SecondaryNameNode。整个 HDFS 是一种主从架构，主节点是 NameNode，从节点是 DataNode。主节点负责接收客户端请求和管理维护这个集群；从节点负责数据块的存储。而这里的 SecondaryNameNode，即第二名称节点，它的主要作用是进行日志信息的合并。需要注意的是，NameNode 和 SecondaryNameNode 是运行在同一台主机上的，因此我们部署一个 HDFS 的全分布集群，至少需要三台主机。我们会在后续的章节中为大家详细介绍它们的作用。图 1-12 所示为部署好的全分布 HDFS 环境，可以看到有两个 DataNode 数据节点分别运行在 bigdata113 和 bigdata114 主机上。

2. MapReduce 分布式计算模型

大数据可以采用分布式文件系统来存储，那么如何解决海量数据的计算问题呢？与大数据存储的思想一样，由于数据量庞大，无法采用单机环境来完成计算任务。既然单机环境无法完成任务，那么就可以采用多台服务器一起执行任务，从而组成一个分布式计算的集群完成大数据的计算任务。基于这样的思想，Google 提出了 MapReduce 分布式计算模型的方式处理大数据。MapReduce 是一种计算模型，它跟具体的编程语言没有关系，只是在 Hadoop 体系中实现了 MapReduce 的计算模型。由于 Hadoop 是采用 Java 实现的框架，因此如果开发 MapReduce 程序，则开发的是一个 Java 程序。众所周知，MongoDB 也支持 MapReduce 的计算模式，而 MongoDB 中的编程语言是 JavaScript，所以开发 MapReduce 程序需要编写 JavaScript 代码。

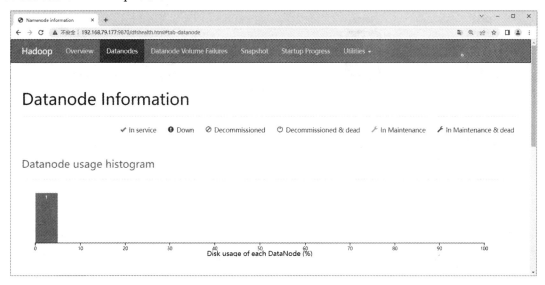

图 1-12　HDFS 环境

那么 Google 为什么会提出 MapReduce 的计算模型呢？其主要目的是解决 PageRank 的问题，即网页排名的问题。因此在学习 MapReduce 之前，先介绍一下 PageRank。Google 作为一个搜索引擎，具有强大的搜索功能。图 1-13 所示为在 Google 中搜索 Hadoop 的结果页面。

图 1-13　Google 的搜索结果

其中，每一个搜索结果都是一个 Page 网页，那么如何决定哪个网页排列在搜索结果的前面或者后面呢？这时候就需要给每个网页打上一个分数，即 Rank 值。如果 Rank 值越大，那么对应的 Page 网页在搜索结果中的排列位置就越靠前。图 1-14 所示为 PageRank 的一个简单示例。

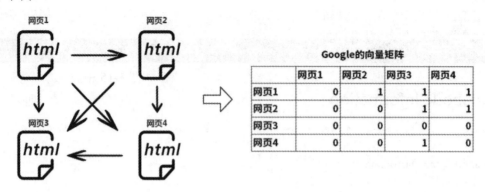

图 1-14　PageRank 示例

在这个例子中,我们以 4 个 HTML 网页为例。网页与网页之间可以通过<a>标签的超级链接,从一个网页跳转到另一个网页。网页 1 链接跳转到了网页 2、网页 3 和网页 4;网页 2 链接跳转到了网页 3 和网页 4;网页 3 没有链接跳转到任何其他的网页;网页 4 链接跳转到了网页 3。我们用 1 表示网页之间存在链接跳转关系,用 0 表示不存在链接跳转关系。如果以行为单位来看,就可以建立一个"Google 的向量矩阵",这里很明显是一个 4×4 的矩阵。通过计算这个矩阵就可以得到每个网页的权重值,而这个值就是 Rank 值,从而进行网页搜索结果的排名。

但是在实际情况下,得到的这个矩阵是非常庞大的。例如,网络爬虫从全世界的网站上爬取回来 1 亿个网页,存储在前面的分布式文件系统中,而网页之间又存在链接跳转的关系。这时候建立的"Google 的向量矩阵"将会是 1 亿×1 亿的庞大矩阵。这样庞大的矩阵无法使用一台计算机来完成计算。如何解决大矩阵的计算问题,将是解决 PageRank 的关键。基于这样的问题背景,Google 就提出了 MapReduce 的计算模型来计算这样的大矩阵。

MapReduce 的核心思想其实只有 6 个字,即先拆分,再合并。通过这样的方式,不管得到的向量矩阵有多少,都可以进行计算。拆分的过程叫作 Map,而合并的过程叫作 Reduce,如图 1-15 所示。

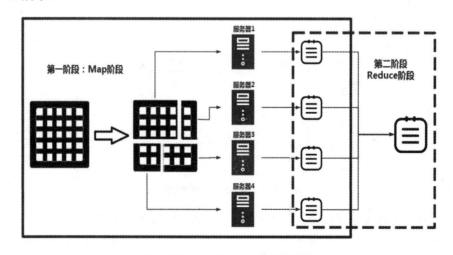

图 1-15　MapReduce 的处理过程

在这个示例中，我们假设有一个庞大的矩阵要进行计算。由于无法在一台计算机上完成，因此将矩阵进行拆分。例如，这里我们将其拆分为 4 个小矩阵，只要拆分到足够小，让一台计算机能够完成计算即可。每台计算机计算其中的一个小矩阵，得到部分的结果，这个过程就叫作 Map，如图 1-15 中实线方框的部分；将 Map 输出的结果再进行聚合操作的二次计算，从而得到大矩阵的结果，这个过程叫作 Reduce，如图 1-15 中虚线方框的部分。通过 Map 和 Reduce，不管 Google 的向量矩阵多大，都可以计算出最终的结果。而 Hadoop 中便使用了 Java 语言实现了这样的计算方式，这样的思想也被借鉴到了 Spark 和 Flink 中。例如，Spark 中的核心数据模型是 RDD，它由分区组成，每个分区由一个 Spark 的 Worker 从节点处理，从而实现了分布式计算。

图 1-16 所示为在 Hadoop 中执行 MapReduce 任务的输出日志信息。

图 1-16　MapReduce 的输出日志

通过这里的输出日志可以看出，任务被拆分成了两个阶段，即 Map 阶段和 Reduce 阶段。当 Map 执行完成后，接着执行 Reduce。

3. BigTable 大表

BigTable 大表的思想是 Google 的"第三驾马车"。正因为有了这样的思想，就有了 Hadoop 生态圈体系中的 NoSQL 数据库 HBase。这里需要简单说明一下 NoSQL 数据库。NoSQL 数据库其实有很多，比如 Hadoop 体系中的 HBase，基于内存的 Redis 和基于文档的 MongoDB。而 NoSQL 数据库在某种程度上也属于大数据体系的组成部分。

【提示】

NoSQL 泛指非关系型的数据库。随着互联网 Web 2.0 网站的兴起，传统的关系型数据库在处理 Web 2.0 网站，特别是超大规模和高并发的 SNS 类型的 Web 2.0 纯动态网站时已经显得力不从心，出现了很多难以克服的问题，而非关系型的数据库则由于其本身的特点得到了非常迅速的发展。NoSQL 数据库的产生就是为了解决大规模数据集合多重数据种类带来的挑战，特别是大数据应用难题。

——摘自百度百科

那么什么是大表呢?简单来说,就是把所有的数据存入一张表中,这样做的目的就是为了提高查询的性能。但是这也违背了关系型数据库范式的要求。我们都知道在关系型数据库中需要遵循范式的要求来减少数据的冗余。降低数据冗余的好处是节约了存储的空间,但是会影响性能。例如,在关系型数据库中执行多表查询,会产生笛卡尔积。因此,关系型数据库的出发点是通过牺牲性能,达到节约存储空间的目的。这样设计是有实际意义的,因为在早些年的时候,存储的介质都比较昂贵,需要考虑成本的问题。而大表的思想正好与其相反,它是把所有的数据存入一张表中。通过牺牲存储空间,来达到提高性能的目的。

图 1-17 所示为同样的数据分别存入关系型数据库的表和大表中,表结构上的差别。这里的关系型数据库可以是 Oracle、MySQL 等。这里的数据模型使用的是部门-员工的表结构,即一个部门可能包含多个员工,一个员工只属于一个部门。

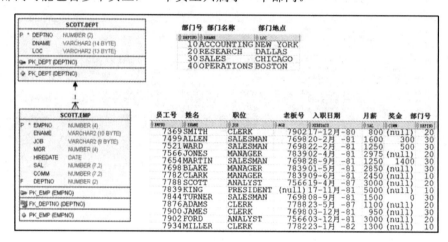

图 1-17 员工表与部门表

HBase 就是大表思想的一个具体体现。它是一个列式存储的 NoSQL 数据库,适合执行数据的分析和处理。简单来说,就是适合执行查询操作。如果把上面关系型数据库中的部门-员工数据存入 HBase 的表中,那将会是什么样的呢?图 1-18 所示为 HBase 的表结构,这里我们以员工号是 7839 的员工数据为例。

rowkey行键	emp					dept		
	ename	job	mgr	hiredate	sal	deptno	dname	loc
7839	KING							
7839		PRESIDENT						
7839				17-11月-81				
7839					5000			
7839						10		
7839							ACCOUNTING	NEW YORK

图 1-18 HBase 的表结构

首先,HBase 的表由列族组成,比如这里的 emp 和 dept 都是列族。列族中包含列,创建表的时候必须创建列族,不需要创建列。当执行插入语句将数据插入到列族中的时候,需要指定 rowkey 和具体的列。如果列不存在,HBase 会自动创建相应的列,再把数据插入到对应的单元格上。这里的 rowkey 相当于关系型数据库的主键。rowkey 与关系型数据库类似,不允许为空,但是可以重复。相同的 rowkey 表示同一条记录。

例如，如果要得到图 1-18 所示的表结构和数据，可以在 HBase 中执行下面的语句。

```
#创建 employee 表，包含两个列族：emp 和 dept
create 'employee','emp','dept'

#插入数据
put 'employee','7839','emp:ename','KING'
put 'employee','7839','emp:job','PRESIDENT'
put 'employee','7839','emp:hiredate','17-11 月-81'
put 'employee','7839','emp:sal','5000'
put 'employee','7839','dept:deptno','10'
put 'employee','7839','dept:dname','ACCOUNTING'
put 'employee','7839','dept:loc','NEW YORK'
```

图 1-19 所示为 HBase Shell 命令的执行结果。关于 HBase 的内容，将会在后续的章节中详细介绍。

```
hbase(main):001:0> create 'employee','emp','dept'
Created table employee
Took 2.9985 seconds
=> Hbase::Table - employee
hbase(main):002:0> put 'employee','7839','emp:ename','KING'
Took 0.2282 seconds
hbase(main):003:0> put 'employee','7839','emp:job','PRESIDENT'
Took 0.0181 seconds
hbase(main):004:0> put 'employee','7839','emp:hiredate','17-11月-81'
Took 0.0096 seconds
hbase(main):005:0> put 'employee','7839','emp:sal','5000'
Took 0.0192 seconds
hbase(main):006:0> put 'employee','7839','dept:deptno','10'
Took 0.0296 seconds
hbase(main):007:0> put 'employee','7839','dept:dname','ACCOUNTING'
Took 0.0127 seconds
hbase(main):008:0> put 'employee','7839','dept:loc','NEW YORK'
Took 0.0125 seconds
```

图 1-19　HBase Shell 命令的执行结果

三、Hadoop 生态圈与平台架构

图 1-20 所示为 Hadoop 生态圈体系中的主要组件以及它们彼此之间的关系。

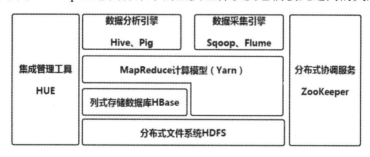

图 1-20　Hadoop 生态圈

这里先简单介绍每一部分的作用，我们将会在后续的章节中对它们的体系架构、安装部署、使用管理进行详细的说明。

1. HDFS

HDFS 全称为 Hadoop Distributed File System，即 Hadoop 分布式文件系统，用于解决大

数据的存储问题。HDFS 源自 Google 的 GFS 论文，可在低成本的通用硬件上运行，是一个具有容错能力的文件系统。

2. HBase

HBase 是基于 HDFS 的分布式列式存储 NoSQL 数据库，起源于 Google 的 BigTable 思想。由于 HBase 的底层是 HDFS，因此 HBase 中创建的表和表中数据最终都是存储在 HDFS 上。HBase 的核心是列式存储，非常适合执行查询操作。

3. MapReduce 与 Yarn

MapReduce 是一种分布式计算模型，用于大数据量的计算，是一种离线计算处理模型。MapReduce 通过 Map 和 Reduce 两个阶段的划分，非常适合在由大量的计算机组成的分布式并行环境里进行数据处理。通过 MapReduce 既可以处理 HDFS 中的数据，也可以处理 HBase 中的数据。

Yarn(Yet Another Resource Negotiator，另一种资源协调者)是 Hadoop 集群中的资源管理器。从 Hadoop 2.x 开始，MapReduce 默认都是运行在 Yarn 之上。

4. 数据分析引擎 Hive 与 Pig

Hive 是基于 HDFS 之上的数据仓库，支持标准的 SQL 语句。默认情况下，Hive 的执行引擎是 MapReduce，即 Hive 可以把一条标准的 SQL 语句转换成 MapReduce 任务运行在 Yarn 之上。

Pig 也是 Hadoop 中的数据分析引擎，支持 PigLatin 语句。默认情况下，Pig 的执行引擎也是 MapReduce。Pig 允许处理结构化数据和半结构化数据。

5. 数据采集引擎 Sqoop 和 Flume

Sqoop 的全称是 SQL to Hadoop，是一个数据交换工具，主要针对的是关系型数据库，例如 Oracle、MySQL 等。Sqoop 数据交换的本质是 MapReduce 程序，充分利用了 MapReduce 的并行化和容错性，从而提高了数据交换的性能。

Flume 是一个分布式的、可靠的、可用的日志收集服务组件，它可以高效地收集、聚合、移动大量的日志数据。值得注意的是，Flume 进行日志采集的过程，其本质并不是 MapReduce 任务。

6. 分布式协调服务 ZooKeeper

ZooKeeper 可以当成是一个"数据库"来使用，主要解决分布式环境下的数据管理问题：统一命名、状态同步、集群管理、配置同步等。同时在大数据架构中，利用 ZooKeeper 可以解决大数据主从架构的单点故障问题，实现大数据的高可用性。

7. 集成管理工具 HUE

HUE 是基于 Web 形式发布的集成管理工具，可以与大数据相关组件进行集成。通过 HUE 可以管理 Hadoop 中的相关组件，也可以管理 Spark 中的相关组件。

【任务实施】

在了解了大数据的理论基础后，下面将一步一步地部署 Hadoop 环境。

1. 准备 Linux 操作系统

在部署与大数据相关的组件之前需要部署 Linux 虚拟机。下面是安装 Linux 的步骤。

【提示】

本教材使用的 Linux 版本是 Red Hat Linux 7，也可以使用 CentOS 7。

(1) 在 VMware Workstation 窗口中新建虚拟机，并选择"自定义(高级)"方式进行安装，如图 1-21、图 1-22 所示。

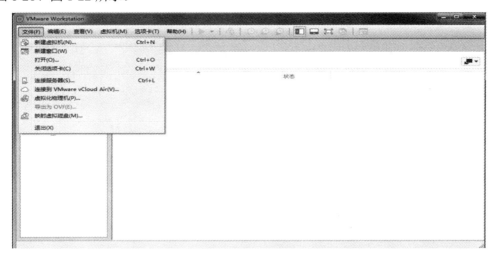

图 1-21　新建虚拟机

(2) 在"欢迎使用新建虚拟机向导"界面中，单击"下一步"按钮，并在"安装客户机操作系统"界面中，选中"稍后安装操作系统"单选按钮，如图 1-23 所示。

图 1-22　选中"自定义(高级)"单选按钮

图 1-23　选中"稍后安装操作系统"单选按钮

(3) 单击"下一步"按钮，进入"选择客户机操作系统"界面，选中 Linux 单选按钮，版本选择"Red Hat Enterprise Linux 7 64 位"选项，如图 1-24 所示。

图 1-24　选择客户机操作系统

【提示】

这一步非常重要。如果选择错误，可能造成虚拟机无法正常启动。

(4) 单击"下一步"按钮，进入"命名虚拟机"界面，输入虚拟机名称，如 bigdata111，如图 1-25 所示。

图 1-25　命名虚拟机

(5) 连续单击两次"下一步"按钮，直到出现"此虚拟机的内存"界面。默认的内存设置是 2048MB，即 2GB 内存。

【提示】

这里可以根据自己机器的配置，适当增大虚拟机的内存，例如可以修改为 4096MB，即

4GB 内存，如图 1-26 所示。

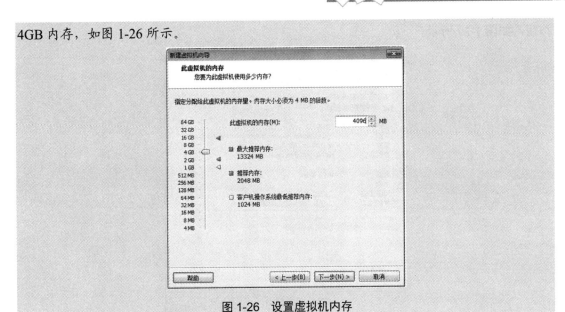

图 1-26　设置虚拟机内存

（6）单击"下一步"按钮，进入"网络类型"界面，这一步非常重要。在实际的生产环境中，通常是不能直接访问外网的，而且需要多台主机组成一个集群，集群之间可以相互通信。为了模拟这样一个真实的网络环境，推荐选中"使用仅主机模式网络"单选按钮，如图 1-27 所示。

【提示】

选中"使用仅主机模式网络"单选按钮后，首先，虚拟机不能直接访问外部网络；其次，如果是一个分布式环境，则可以保证它们彼此之间能够通信。

（7）连续单击 4 次"下一步"按钮，进入"指定磁盘容量"界面。可以根据自己的硬盘大小进行适当的调整，这里设置为 60GB，如图 1-28 所示。

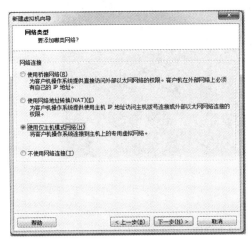

图 1-27　选择网络类型

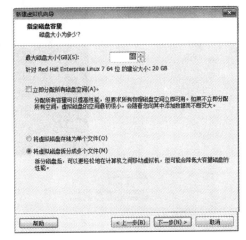

图 1-28　指定磁盘容量

（8）连续单击两次"下一步"按钮，进入"已准备好创建虚拟机"界面，单击"完成"

按钮，如图 1-29 所示。

图 1-29 完成虚拟机设置

(9) 在 bigdata111 的主界面中，单击"编辑虚拟机设置"超链接，在弹出的"虚拟机设置"对话框中，选择 CD/DVD(SATA)选项，并将 Red Hat Linux 7 的 ISO 介质加载到镜像文件的选项中，如图 1-30、图 1-31 所示。

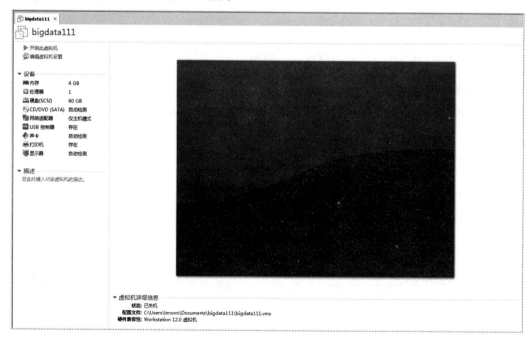

图 1-30 虚拟机主界面

(10) 在"虚拟机设置"对话框中，单击"确定"按钮。在 bigdata111 的主界面中，单击"开启此虚拟机"超链接，等待虚拟机启动，并选择 Install Red Hat Enterprise Linux 7.4 选项，如图 1-32 所示。

图 1-31 使用 ISO 映像文件

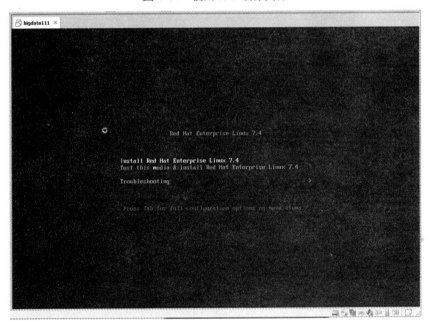

图 1-32 安装 Linux

(11) 接下来会进入欢迎界面，在欢迎界面上单击 Continue 按钮，进入 INSTALLATION SUMMARY 界面，并在该界面中进行相关的配置，如图 1-33、图 1-34 所示。

(12) 在 SOFTWARE SELECTION 界面中，选中 Server With GUI 单选按钮和 Development Tools 复选框，如图 1-35 所示。

(13) 在 NETWORK & HOST NAME 界面中，可以设置主机名和虚拟机的 IP 地址，如图 1-36、图 1-37 所示。主机名为 bigdata111，IP 地址为 192.168.157.111。Linux 安装部署完成后，即可通过该 IP 地址从宿主机上连接到 Linux。

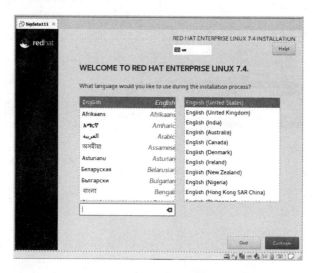

图 1-33　欢迎界面

图 1-34　设置主界面

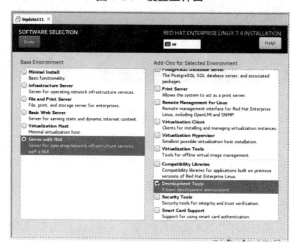

图 1-35　选择软件

图 1-36　网络设置

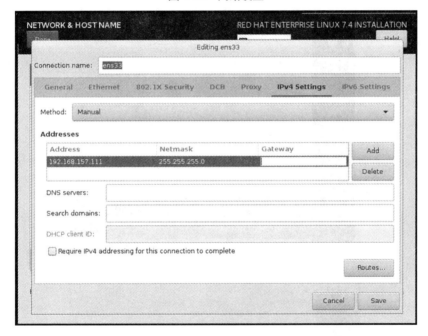

图 1-37　配置 IP 地址

【提示】

　　每台宿主机的网段可能不一样，如编者的宿主机网段是 157。读者首先需要确定本地宿主机的网段，再进行 IP 地址的设置。

　　(14) 完成设置后，单击 Begin Installation 按钮进行安装。如果没有特殊说明，本教材只会用到 root 用户，因此可对 root 密码进行设置，如图 1-38、图 1-39 所示。

　　(15) 安装完成后，单击 Reboot 按钮重启即可，如图 1-40 所示。

　　(16) 使用 Xshell 通过 192.168.157.111 的 IP 地址从宿主机上登录 Linux，如图 1-41 所示。

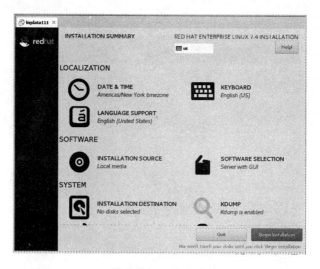

图 1-38　开始安装

图 1-39　设置 root 密码

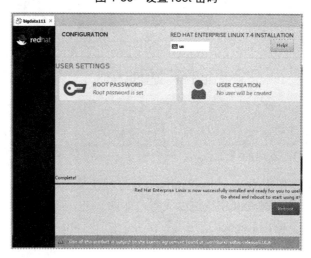

图 1-40　安装完成

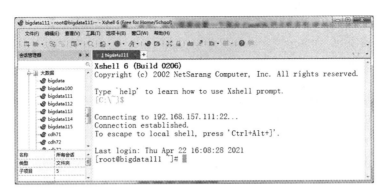

图 1-41　登录 Linux

(17) 使用 FTP 工具通过 192.168.157.111 的 IP 地址可以将宿主机上的安装包介质上传到
Linux 环境中，如图 1-42 所示。

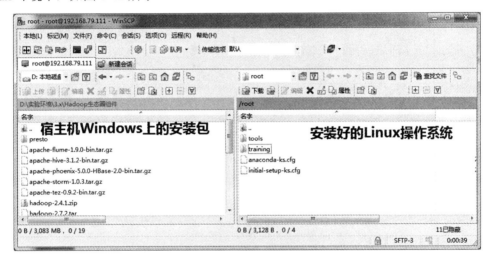

图 1-42　上传安装包

2. 配置 Linux 环境

在成功安装 Linux 操作系统后需要进行配置，这些配置包括关闭防火墙、设置主机名、
安装 JDK 和配置免密码登录。下面是具体的操作步骤。

(1) 关闭防火墙。

```
systemctl stop firewalld.service
systemctl disable firewalld.service
```

(2) 设置 Linux 的主机名和 IP 地址的映射关系。使用 Vi 编辑器编辑/etc/hosts 文件，将
主机名和 IP 地址的映射关系写入。

```
192.168.157.111 bigdata111
```

(3) 创建 tools 和 training 目录。

```
mkdir /root/tools/
mkdir /root/training/
```

【提示】

这里我们把所有组件的安装包都放到/root/tools 目录下，安装的时候都安装到 /root/training 的目录。

(4) 解压 JDK 安装包，执行下面的命令安装 JDK。

```
cd /root/tools
tar -zxvf jdk-8u181-linux-x64.tar.gz -C /root/training/
```

(5) 配置 Java 的环境变量。使用 Vi 编辑器编辑文件/root/.bash_profile，输入以下内容。

```
JAVA_HOME=/root/training/jdk1.8.0_181
export JAVA_HOME
PATH=$JAVA_HOME/bin:$PATH
export PATH
```

(6) 生效环境变量。

```
source /root/.bash_profile
```

(7) 验证 Java 环境，执行以下命令，结果如图 1-43 所示。

```
java -version
which java
```

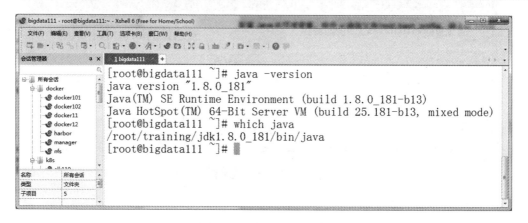

图 1-43 验证 Java 环境

(8) 为免密码登录生成公钥和私钥。

```
ssh-keygen -t rsa
```

(9) 将公钥复制到当前虚拟主机。

```
ssh-copy-id -i .ssh/id_rsa.pub root@bigdata111
```

3. 部署 Hadoop 环境

Hadoop 的安装和部署是大数据组件中最麻烦的部分。有了 Hadoop 的基础，后续再部署 Spark 和 Flink 就非常容易了。Hadoop 的部署模式分为本地模式、伪分布模式和全分布模式。由于在本教材的项目案例中只需要单机环境的 Hadoop 即可，因此这里重点以 Hadoop 的伪分布模式为例来介绍。下面是具体的操作步骤。

(1) 先执行下面的语句将 Hadoop 的安装介质解压到/root/training 目录。

```
tar -zxvf hadoop-3.1.2.tar.gz -C ~/training/
```

(2) 编辑文件~/.bash_profile，设置 Hadoop 的环境变量。

```
vi ~/.bash_profile
```

(3) 输入下面的环境变量信息，并保存退出。

```
HADOOP_HOME=/root/training/hadoop-3.1.2
export HADOOP_HOME

PATH=$HADOOP_HOME/bin:$HADOOP_HOME/sbin:$PATH
export PATH

export HDFS_DATANODE_USER=root
export HDFS_DATANODE_SECURE_USER=root
export HDFS_NAMENODE_USER=root
export HDFS_SECONDARYNAMENODE_USER=root
export YARN_RESOURCEMANAGER_USER=root
export YARN_NODEMANAGER_USER=root
```

(4) 生效环境变量。

```
source ~/.bash_profile
```

(5) 进入 Hadoop 配置文件所在的目录。

```
cd /root/training/hadoop-3.1.2/etc/hadoop/
```

(6) 修改文件 hadoop-env.sh，设置 JAVA_HOME。

```
export JAVA_HOME=/root/training/jdk1.8.0_181
```

(7) 修改 hdfs-site.xml 文件。

```
<!--数据块的冗余度默认为 3-->
<!--冗余度的配置原则一般与数据节点的个数一致，最大不超过 3-->
<property>
    <name>dfs.replication</name>
    <value>1</value>
</property>

<!--禁用 HDFS 的权限功能-->
<!--开发环境设置为 false-->
<!--生产环境设置为 true-->
<property>
    <name>dfs.permissions</name>
    <value>false</value>
</property>
```

(8) 修改 core-site.xml 文件。

```
<!--NameNode 的地址-->
<property>
    <name>fs.defaultFS</name>
    <value>hdfs://bigdata111:9000</value>
```

```
    </property>

    <!--HDFS 对应于操作系统目录-->
    <!--该参数的默认值是 Linux 的 tmp 目录-->
    <property>
        <name>hadoop.tmp.dir</name>
        <value>/root/training/hadoop-3.1.2/tmp</value>
    </property>
```

(9) 修改 mapred-site.xml 文件。

```
    <!--配置 MapReduce 运行的框架-->
    <property>
        <name>mapreduce.framework.name</name>
        <value>yarn</value>
    </property>

    <!--以下是配置 Hadoop 的环境变量-->
    <property>
        <name>yarn.app.mapreduce.am.env</name>
        <value>HADOOP_MAPRED_HOME=${HADOOP_HOME}</value>
    </property>

    <property>
        <name>mapreduce.map.env</name>
        <value>HADOOP_MAPRED_HOME=${HADOOP_HOME}</value>
    </property>

    <property>
        <name>mapreduce.reduce.env</name>
        <value>HADOOP_MAPRED_HOME=${HADOOP_HOME}</value>
    </property>
```

(10) 修改 yarn-site.xml 文件。

```
    <!--配置 ResourceManager 的地址-->
    <property>
        <name>yarn.resourcemanager.hostname</name>
        <value>bigdata111</value>
    </property>

    <!--NodeManager 采用 shuffle 洗牌的方式来执行任务-->
    <property>
        <name>yarn.nodemanager.aux-services</name>
        <value>mapreduce_shuffle</value>
    </property>
```

(11) 对 NameNode 进行格式化,执行命令如下。

```
hdfs namenode -format
```

【提示】

格式化成功后,将看到如下的日志信息:

Storage directory /root/training/hadoop-3.1.2/tmp/dfs/name has been successfully formatted.

(12) 启动 Hadoop 集群，执行命令，结果如图 1-44 所示。

```
start-all.sh
```

```
[root@bigdata111 ~]# start-all.sh
Starting namenodes on [bigdata111]
Last login: Fri Jan  8 22:29:51 CST 2021 from 192.168.157.111 on pts/0
Starting datanodes
Last login: Fri Jan  8 22:30:04 CST 2021 on pts/1
Starting secondary namenodes [bigdata111]
Last login: Fri Jan  8 22:30:07 CST 2021 on pts/1
Starting resourcemanager
Last login: Fri Jan  8 22:30:16 CST 2021 on pts/1
Starting nodemanagers
Last login: Fri Jan  8 22:30:28 CST 2021 on pts/1
[root@bigdata111 ~]#
```

图 1-44　启用 Hadoop 集群

(13) 执行 jps 命令，查看后台的进程，如图 1-45 所示。

```
[root@bigdata111 ~]# jps
41552 Jps
40483 NameNode
40851 SecondaryNameNode
41235 NodeManager
41097 ResourceManager
40619 DataNode
[root@bigdata111 ~]#
```

图 1-45　Hadoop 的后台进程

(14) 访问 HDFS 的 Web Console，URL 地址为 http://192.168.157.111:9870/，如图 1-46 所示。

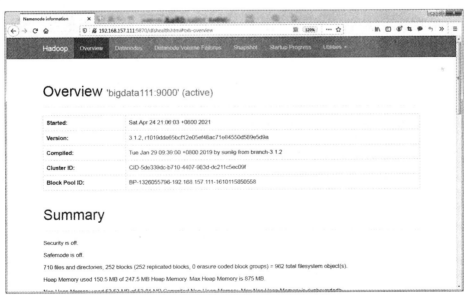

图 1-46　HDFS 的 Web 界面

(15) 访问 Yarn 的 Web Console，URL 地址为 http://192.168.157.111:8088/，如图 1-47 所示。

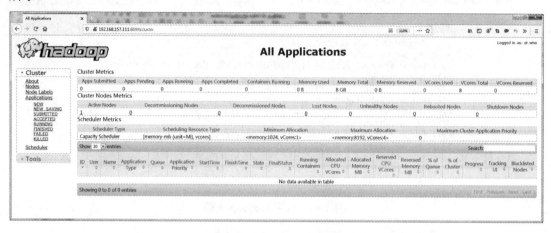

图 1-47　Yarn 的 Web 界面

【任务检查与评价】

完成任务实施后，进行任务检查与评价，具体的检查评价内容如表 1-1 所示。

表 1-1　任务检查评价表

项目名称	企业人力资源员工数据的离线分析			
任务名称	准备项目数据与环境			
评价方式	可采用自评、互评、教师评价等方式			
说明	主要评价学生在项目学习过程中的操作技能、理论知识、学习态度、课堂表现、学习能力等			
评价内容与评价标准				
序号	评价内容	评价标准	分值	得分
1	知识运用 (20%)	掌握相关理论知识，理解本次任务要求，制订详细计划，计划条理清晰，逻辑正确(20 分)	20 分	
		理解相关理论知识，能根据本次任务要求制订合理的计划(15 分)		
		了解相关理论知识，有制订计划(10 分)		
		无制订计划(0 分)		
2	专业技能 (40%)	结果验证全部满足(40 分)	40 分	
		结果验证只有一个功能不能实现，其他功能全部实现(30 分)		
		结果验证只有一个功能实现，其他功能全部没有实现(20 分)		
		结果验证功能均未实现(0 分)		
3	核心素养 (20%)	具有良好的自主学习能力和分析解决问题的能力，整个任务过程中有指导他人(20 分)	20 分	

续表

序号	评价内容	评价标准	分值	得分
3	核心素养 (20%)	具有较好的学习能力和分析解决问题的能力，任务过程中无指导他人(15 分)	20 分	
		能够主动学习并收集信息，有请教他人进行解决问题的能力(10 分)		
		不主动学习(0 分)		
4	课堂纪律 (20%)	设备无损坏，无干扰课堂秩序(20 分)	20 分	
		无干扰课堂秩序(10 分)		
		干扰课堂秩序(0 分)		

【任务小结】

在本次任务中，学生需要基于 Linux 的操作系统搭建单节点的 Hadoop 平台环境，为后续的数据存储与查询分析奠定基础。通过该任务，学生可以掌握 Linux 的安装与配置，以及 Hadoop 的搭建与部署。本任务的思维导图如图 1-48 所示。

图 1-48 任务思维导图

【任务拓展】

1. 部署 Hadoop 的全分布模式

在本任务中只部署了一个单节点的 Hadoop 伪分布环境，而在实际的生产环境下，Hadoop 应该组成一个集群。下面以 3 个节点为例来部署 Hadoop 的全分布环境，请读者尝试。

【提示】

Hadoop 全分布模式是真正的集群模式，可用于生产环境。在这种模式下，主节点和从节点运行在不同主机上。图 1-49 所示为 Hadoop 全分布模式的拓扑架构。这里将在 bigdata112、bigdata113 和 bigdata114 上完成相应的配置和部署。

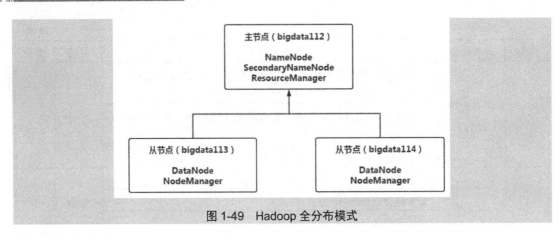

图 1-49　Hadoop 全分布模式

具体的操作步骤如下。

(1)　在每台主机上关闭防火墙、设置每台 Linux 主机的主机名和 IP 地址的映射关系、安装 JDK、设置环境变量、配置每台主机之间的免密码登录。读者可参考前面的配置步骤完成相应的配置，这里就不再赘述。

(2)　使用 Xshell 登录 bigdata112，完成相应的配置。

(3)　在 bigdata112 上创建/root/training 目录。

```
mkdir /root/training
```

(4)　将 Hadoop 安装包解压到/root/training 目录。

```
tar -zxvf hadoop-3.1.2.tar.gz -C ~/training/
```

(5)　进入 Hadoop 配置文件所在的目录。

```
cd /root/training/hadoop-3.1.2/etc/hadoop/
```

(6)　修改 hdfs-site.xml 文件。

```
<!--数据块的冗余度默认为 3-->
<!--原则上，数据块的冗余度跟数据节点的个数一致，但最大不超过 3-->
<property>
    <name>dfs.replication</name>
    <value>2</value>
</property>

<!--禁用了 HDFS 的权限功能-->
<!--开发环境设置为 false-->
<!--生产环境设置为 true-->
<property>
    <name>dfs.permissions</name>
    <value>false</value>
</property>
```

(7)　修改 core-site.xml 文件。

```
<!--NameNode 的地址-->
<property>
    <name>fs.defaultFS</name>
    <value>hdfs://bigdata112:9000</value>
```

```
</property>

<!--HDFS 对应于操作系统目录-->
<!--该参数的默认值是 Linux 的 tmp 目录-->
<property>
    <name>hadoop.tmp.dir</name>
    <value>/root/training/hadoop-3.1.2/tmp</value>
</property>
```

(8)　修改 mapred-site.xml 文件。

```
<!--配置 MapReduce 运行的框架-->
<property>
    <name>mapreduce.framework.name</name>
    <value>yarn</value>
</property>

<!--以下是配置 Hadoop 的环境变量-->
<property>
    <name>yarn.app.mapreduce.am.env</name>
    <value>HADOOP_MAPRED_HOME=${HADOOP_HOME}</value>
</property>

<property>
    <name>mapreduce.map.env</name>
    <value>HADOOP_MAPRED_HOME=${HADOOP_HOME}</value>
</property>

<property>
    <name>mapreduce.reduce.env</name>
    <value>HADOOP_MAPRED_HOME=${HADOOP_HOME}</value>
</property>
```

(9)　修改 yarn-site.xml 文件。

```
<!--配置 ResourceManager 的地址-->
<property>
    <name>yarn.resourcemanager.hostname</name>
    <value>bigdata112</value>
</property>

<!--NodeManager 采用 shuffle 洗牌的方式来执行任务-->
<property>
    <name>yarn.nodemanager.aux-services</name>
    <value>mapreduce_shuffle</value>
</property>
```

(10) 修改 workers 文件，输入从节点的信息。

```
bigdata113
bigdata114
```

(11) 对 NameNode 进行格式化，执行命令如下。

```
hdfs namenode -format
```

格式化成功后，将看到如下日志信息。

```
Storage directory /root/training/hadoop-3.1.2/tmp/dfs/name has been
successfully formatted.
```

(12) 把 bigdata112 上配置好的 Hadoop 目录复制到 bigdata113 和 bigdata114 上。

```
cd /root/training
scp -r hadoop-3.1.2/ root@bigdata113:/root/training
scp -r hadoop-3.1.2/ root@bigdata114:/root/training
```

(13) 在 bigdata112 主节点上启动集群，如图 1-50 所示。

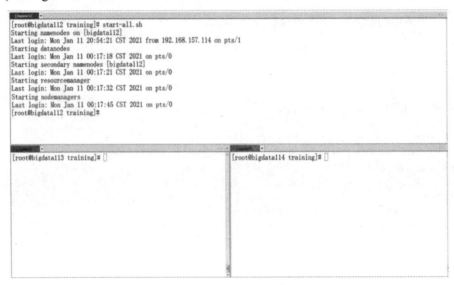

图 1-50 启动 Hadoop 全分布模式

(14) 在每台主机上执行 jps 命令，观察后台的进程。这里我们可以看到，在主节点 bigdata112 上有 NameNode、SecondaryNameNode 和 ResourceManager 进程；而在两个从节点上，分别有 DataNode 和 NodeManager 进程，如图 1-51 所示。

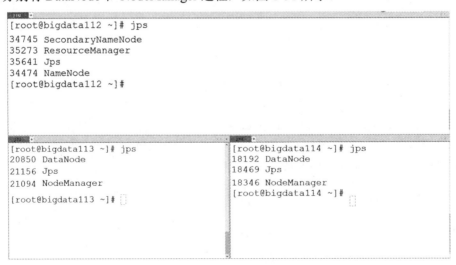

图 1-51 Hadoop 全分布模式的后台进程

2. 大数据体系架构的单点故障

通过前面的介绍，我们知道大数据体系架构中的核心组件都是主从架构，即存在一个主节点和多个从节点，从而组成一个分布式环境。图 1-52 所示为大数据体系中的主从架构。

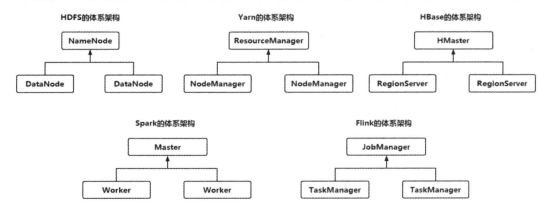

图 1-52　大数据组件的主从架构

这里可以看出大数据的核心组件都是一种主从架构，而只要是主从架构就存在单点故障的问题。因为整个集群中只存在一个主节点，如果这个主节点出现了故障或者发生了宕机，就会造成整个集群无法正常工作。因此我们就需要实现大数据 HA 的功能，即 High Availablity(高可用的架构)。HA 的思想其实非常简单：既然整个集群中只有一个主节点存在单点故障的问题，那么我们只需要搭建多个主节点就可以解决这个问题了，这就是 HA 的核心思想。

【提示】

大数据高可用架构 HA 的实现需要依赖 ZooKeeper。

3. 部署 ZooKeeper 集群

ZooKeeper 的安装部署模式分为 Standalone 模式和集群模式。Standalone 模式比较简单，多用于开发和测试。我们只需要一个虚拟机就可以完成 Standalone 模式的搭建；生产环境建议搭建 ZooKeeper 的集群模式，这时候我们需要三台虚拟机进行搭建，并且 ZooKeeper 集群中的节点具有不同的角色：Leader 和 Follower。

我们将在 bigdata112、bigdata113、bigdata114 的虚拟机上进行部署。首先将会在 bigdata112 上进行配置，然后通过 scp 命令将配置好的 ZooKeeper 目录复制到 bigdata113 和 bigdata114 上。

具体操作步骤如下。

(1) 在 bigdata112 上将安装包解压至/root/training 目录。

```
tar -zxvf zookeeper-3.4.10.tar.gz -C ~/training/
```

(2) 设置 ZooKeeper 环境变量，编辑文件~/.bash_profile。

```
ZOOKEEPER_HOME=/root/training/zookeeper-3.4.10
export ZOOKEEPER_HOME
```

```
PATH=$ZOOKEEPER_HOME/bin:$PATH
export PATH
```

(3) 生效 ZooKeeper 环境变量。

```
source ~/.bash_profile
```

(4) 生成 zoo.cfg 文件。

```
cd ~/training/zookeeper-3.4.10/conf/
mv zoo_sample.cfg zoo.cfg
```

(5) 修改 zoo.cfg 文件，完整的内容如下。

```
# The number of milliseconds of each tick
tickTime=2000
# The number of ticks that the initial
# synchronization phase can take
initLimit=10
# The number of ticks that can pass between
# sending a request and getting an acknowledgement
syncLimit=5
# the directory where the snapshot is stored.
# do not use /tmp for storage, /tmp here is just
# example sakes.
dataDir=/root/training/zookeeper-3.4.10/tmp
# the port at which the clients will connect
clientPort=2181
# the maximum number of client connections.
# increase this if you need to handle more clients
#maxClientCnxns=60
#
# Be sure to read the maintenance section of the
# administrator guide before turning on autopurge.
#
# http://zookeeper.apache.org/doc/current/zookeeperAdmin.html#sc_
# maintenance
# The number of snapshots to retain in dataDir
#autopurge.snapRetainCount=3
# Purge task interval in hours
# Set to "0" to disable auto purge feature
#autopurge.purgeInterval=1

server.1=bigdata112:2888:3888
server.2=bigdata113:2888:3888
server.3=bigdata114:2888:3888
```

【提示】

这里，我们在配置文件中增加了两个 ZooKeeper 节点，即 server.2 和 server.3，它们分别位于 bigdata113 和 bigdata114 上。

(6) 在 bigdata112 的虚拟机上，进入参数 dataDir 指定的目录下，即/root/training/zookeeper-3.4.10/tmp。创建 myid 文件，并在 myid 文件中输入 1。注意：这个 1 表示 server.1

的 ZooKeeper 节点在集群中的哪个主机上。

(7) 在 bigdata112 的虚拟机上，把配置好的 ZooKeeper 目录复制到 bigdata113 和 bigdata114 上，执行下面的命令。

```
cd /root/training
scp -r zookeeper-3.4.10/ root@bigdata113:/root/training
scp -r zookeeper-3.4.10/ root@bigdata114:/root/training
```

【提示】

在执行 scp 命令的时候，需要允许远程连接主机，并输入远端主机的 root 用户的密码。如果配置了免密码登录，这里则不需要输入密码。代码如下。

```
[root@bigdata112 training]# scp -r zookeeper-3.4.10/ root@bigdata113:/root/training
The authenticity of host bigdata113(192.168.157.113)' can't be established.
ECDSA key fingerprint is
SHA256:9ezjqGdBFdeuu3/hTzuChA8BwGxAYyEQ+mNeyrn5fj4.
ECDSA key fingerprint is MD5:60:3a:71:17:61:fd:5b:81:a1:84:fb:78:78:db:83:8a.
Are you sure you want to continue connecting (yes/no)? yes
Warning: Permanently added 'bigdata113,192.168.157.113 (ECDSA) to the list of known
hosts.root@bigdata113 password:
```

(8) 在 bigdata113 和 bigdata114 上设置 ZooKeeper 的环境变量，编辑文件 ~/.bash_profile。

```
ZOOKEEPER_HOME=/root/training/zookeeper-3.4.10
export ZOOKEEPER_HOME

PATH=$ZOOKEEPER_HOME/bin:$PATH
export PATH
```

(9) 在 bigdata113 和 bigdata114 上，生效 ZooKeeper 的环境变量。

```
source ~/.bash_profile
```

(10) 将 bigdata113 上 myid 文件的内容修改为 2；将 bigdata114 上 myid 文件的内容修改为 3，如图 1-53 所示。

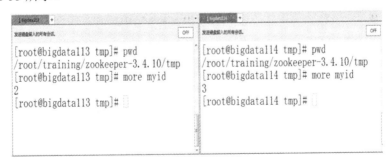

图 1-53　修改 myid 文件

(11) 在每台主机上执行 zkServer.sh start 命令，启动 ZooKeeper Server，如图 1-54 所示。

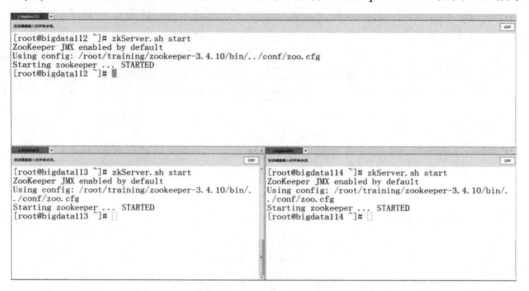

图 1-54　启动 ZooKeeper

(12) 在每台主机上执行 zkServer.sh status 命令，查看 ZooKeeper 集群中每个节点的状态，如图 1-55 所示。

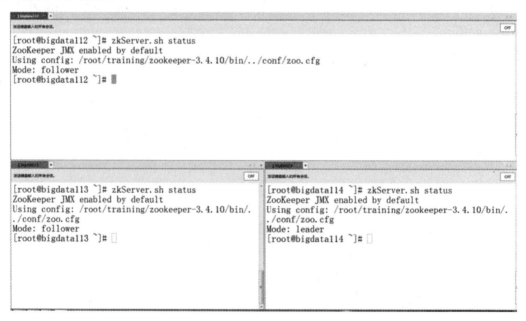

图 1-55　ZooKeeper 节点的状态

【提示】

这里我们可以看到，ZooKeeper 集群通过选举机制将 bigdata114 上的 Server 选举为 Leader；而 bigdata112 和 bigdata113 上的 Server 为 Follower。ZooKeeper 集群部署完成后，可以使用 ZooKeeper 的命令工具来进行操作。

任务二 分布式文件系统 HDFS

【职业能力目标】

通过本任务的教学，学生理解相关知识之后，应达成以下能力目标。
- 掌握 HDFS 的体系架构与底层通信方式。
- 掌握使用不同的方式操作 HDFS：使用 HDFS 的操作命令；开发 HDFS 的 Java 客户端程序。

【任务描述与要求】

- 任务描述

在企业人力资源的管理中需要使用 HDFS 来存储数据，因此本任务将让学员熟悉 HDFS 的不同操作方式，包括 HDFS 的命令行工具、Java API 接口和 Web Console。

- 任务要求
(1) 使用 HDFS 的操作命令与管理命令操作 HDFS。
(2) 使用 HDFS 的 Java API 操作 HDFS。

【知识储备】

一、HDFS 的体系架构详解

我们已经了解了组成 HDFS 的三个部分，分别是 NameNode、DataNode 和 SecondaryNameNode。图 1-56 所示为 Hadoop HDFS 的体系架构。

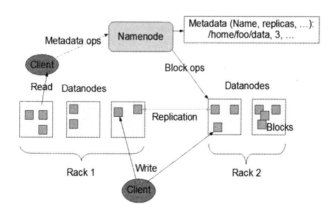

图 1-56 HDFS 的体系架构

1. NameNode

NameNode，即名称节点，它是 HDFS 的主节点，其主要作用体现在以下几个方面。

1) 管理和维护 HDFS

NameNode 主要用于管理和维护 HDFS 的元信息文件 fsimage 和操作日志文件 edits，以及管理和维护 HDFS 的命名空间。关于 HDFS 的命名空间，将会在介绍 HDFS 联盟的时候进行详细讨论，这里重点介绍 fsimage 文件和 edits 文件。

fsimage 文件是 HDFS 的元信息文件，该文件中保存了目录和文件的相关信息。通过读取 fsimage 文件就能获取 HDFS 的数据分布情况。在我们前面部署好的环境中，可以在 $HADOOP_HOME/tmp/dfs/name/current 目录中找到该文件，如图 1-57 所示。

```
[root@bigdata111 current]# pwd
/root/training/hadoop-3.1.2/tmp/dfs/name/current
[root@bigdata111 current]# ls fsimage*
fsimage_0000000000000016309          fsimage_0000000000000016314
fsimage_0000000000000016309.md5    fsimage_0000000000000016314.md5
[root@bigdata111 current]#
```

图 1-57 fsimage 文件

HDFS 为我们提供了元信息查看器，可以查看元信息文件中的内容。执行下面的命令：

```
hdfs oiv -i fsimage_0000000000000016309 -o /root/a.xml -p XML
```

这里我们把元信息文件格式化为 XML 文件，放到/root 目录下的 a.xml 文件中。查看 XML 文件的内容，如图 1-58 所示，可以看到 HDFS 中有一个 input 目录和一个 data.txt 文件。

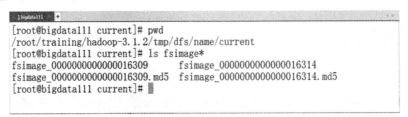

```
<inode><id>16386</id><type>DIRECTORY</type><name>input</nam
e><mtime>1610718934066</mtime><permission>root:supergroup:0
755</permission><nsquota>-1</nsquota><dsquota>-1</dsquota><
/inode>
<inode><id>16387</id><type>FILE</type><name>data.txt</name>
<replication>1</replication><mtime>1610368142954</mtime><at
ime>1618234296297</atime><preferredBlockSize>134217728</pre
ferredBlockSize><permission>root:supergroup:0644</permissio
n><blocks><block><id>1073741825</id><genstamp>1001</genstam
p><numBytes>60</numBytes></block>
</blocks>
<storagePolicyId>0</storagePolicyId></inode>
```

图 1-58 元信息

NameNode 维护的另一个系统文件就是 edits 文件，该文件中记录了客户端操作。HDFS 也提供了日志查看器，可以查看 edits 文件中的内容。edits 文件与 fsimage 文件存放在同一个目录下。执行下面的命令：

```
hdfs oev -i edits_inprogress_0000000000000000105 -o /root/b.xml
```

上面的指令将 edits 日志文件格式化生成一个 XML 文件，查看 XML 文件的内容，如图 1-59 所示，可以看到这条日志记录的是创建一个目录的操作。

```
<RECORD>
  <OPCODE>OP_MKDIR</OPCODE>
  <DATA>
    <TXID>5</TXID>
    <LENGTH>0</LENGTH>
    <INODEID>16386</INODEID>
    <PATH>/input</PATH>
    <TIMESTAMP>1610368116049</TIMESTAMP>
    <PERMISSION_STATUS>
      <USERNAME>root</USERNAME>
      <GROUPNAME>supergroup</GROUPNAME>
      <MODE>493</MODE>
    </PERMISSION_STATUS>
  </DATA>
</RECORD>
```

图 1-59　HDFS 的日志

2)　接收客户端的请求

客户端的操作请求，无论是上传数据还是下载数据，都是由 NameNode 负责接收和处理，最终将数据按照数据块的形式保存到数据节点 DataNode 上，如图 1-60 所示。

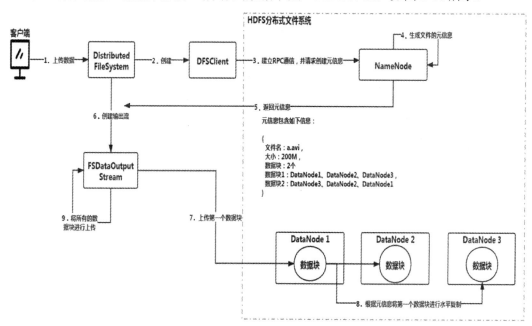

图 1-60　HDFS 上传数据的过程

图 1-60 说明了 HDFS 数据上传的过程。假设我们要上传 200MB 大小的一个文件(例如：a.avi)，按照数据块 128MB 的大小为单位进行切块，该文件就会被切分成两个数据块。客户端发出上传命令后，由 DistributedFileSystem 对象创建一个 DFSClient 对象，该对象负责与 NameNode 建立 RPC 通信，并请求 NameNode 生成文件的元信息。当 NameNode 接收到请求后，就会生成对应的元信息。元信息包含数据块的个数、存储的位置，以及冗余的位置。例如，数据块 1 将保存到 DataNode1 上，同时，对应的两份冗余存储在 DataNode2 和 DataNode3 上。NameNode 会将生成的元信息返回给 DistributedFileSystem 对象，并由其创建输出流对象 FSDataOutputStream。然后根据生成的元信息上传数据块。例如图 1-60 中，将数据块 1 上传到 DataNode1 上，并通过水平复制将其复制到其他的冗余节点上，最终保证数据块冗余度的要求。通过这样的方式，直到所有的数据块上传成功。

图 1-61 所示为数据下载的过程。

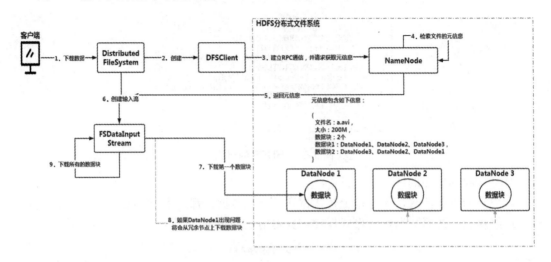

图 1-61　HDFS 下载数据的过程

2. DataNode

数据节点的主要职责是按照数据块来保存数据。从 Hadoop 2.x 开始，数据块默认大小是 128MB。在我们前面配置好的环境中，数据块默认保存到下面的目录中，如图 1-62 所示。

```
1 bigdata111  +
[root@bigdata111 subdir0]# pwd
/root/training/hadoop-3.1.2/tmp/dfs/data/current/BP-1126711527-192.168.15
7.111-1621063524251/current/finalized/subdir0/subdir0
[root@bigdata111 subdir0]# ll
total 327192
-rw-r--r--. 1 root root 134217728 May 15 15:26 blk_1073741825
-rw-r--r--. 1 root root   1048583 May 15 15:26 blk_1073741825_1001.meta
-rw-r--r--. 1 root root 134217728 May 15 15:26 blk_1073741826
-rw-r--r--. 1 root root   1048583 May 15 15:26 blk_1073741826_1002.meta
-rw-r--r--. 1 root root  63998133 May 15 15:26 blk_1073741827
-rw-r--r--. 1 root root    499995 May 15 15:26 blk_1073741827_1003.meta
[root@bigdata111 subdir0]#
```

图 1-62　数据块文件

从图 1-62 中可以看出，每个数据块文件都以 blk 为前缀，并且默认大小是 134217728 字节，即 128MB。

3. SecondaryNameNode

SecondaryNameNode 是 HDFS 的第二名称节点，其主要作用是合并日志。因为 HDFS 的最新状态信息记录在 edits 日志中，而数据的元信息需要记录在 fsimage 文件中。换而言之，fsimage 文件维护的并不是最新的 HDFS 状态信息。因此需要一种机制将 edits 日志中的最新状态信息合并写入 fsimage 文件中，这个工作就是由 SecondaryNameNode 完成的。注意，SecondaryNameNode 不是 NameNode 的热备份，因此当 NameNode 出现问题的时候，不能由 SecondaryNameNode 代替 NameNode 的工作。

图 1-63 所示为 SecondaryNameNode 合并日志的过程。

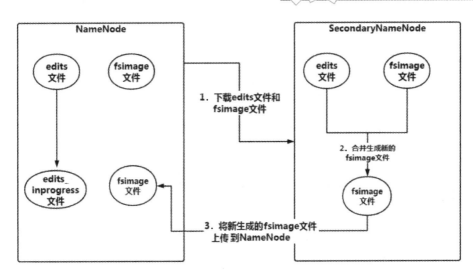

图 1-63　合并日志的过程

那么，SecondaryNameNode 会在什么情况下执行日志文件的合并呢？触发的条件就是当 HDFS 发出检查点的时候。在默认情况下，SecondaryNameNode 每小时或在每 100 万次事务后执行检查点操作，以先到者为准。可以根据以下两个条件之一配置检查点操作的频率。

```
dfs.namenode.checkpoint.txns
```

该属性默认值是 1000000，即 100 万条记录。该属性可以指定自上次执行检查点操作以来的编辑日志事务数。

```
dfs.namenode.checkpoint.period
```

该属性默认值是 3600s，即 1 小时。该属性可以指定自上次执行检查点操作以来经过的时间。

二、使用不同的方式操作 HDFS

1. HDFS 命令行方式

HDFS 的命令可以分为普通的操作命令和管理命令，它们分别以 hdfs dfs 和 hdfs dfsadmin 的前缀开头。使用 hdfs dfs 命令或者 hadoop fs 命令可以列出所有的操作命令，如下所示。

```
[root@bigdata111 ~]# hdfs dfs
Usage: hadoop fs [generic options]
[-appendToFile <localsrc> ... <dst>]
[-cat [-ignoreCrc] <src> ...]
[-checksum <src> ...]
[-chgrp [-R] GROUP PATH...]
[-chmod [-R] <MODE[,MODE]... | OCTALMODE> PATH...]
[-chown [-R] [OWNER][:[GROUP]] PATH...]
[-copyFromLocal [-f] [-p] [-l] [-d] [-t <thread count>] <localsrc> ... <dst>]
[-copyToLocal [-f] [-p] [-ignoreCrc] [-crc] <src> ... <localdst>]
```

```
[-count [-q] [-h] [-v] [-t [<storage type>]] [-u] [-x] [-e] <path> ...]
[-cp [-f] [-p | -p[topax]] [-d] <src> ... <dst>]
[-createSnapshot <snapshotDir> [<snapshotName>]]
[-deleteSnapshot <snapshotDir> <snapshotName>]
[-df [-h] [<path> ...]]
[-du [-s] [-h] [-v] [-x] <path> ...]
[-expunge]
[-find <path> ... <expression> ...]
[-get [-f] [-p] [-ignoreCrc] [-crc] <src> ... <localdst>]
[-getfacl [-R] <path>]
[-getfattr [-R] {-n name | -d} [-e en] <path>]
[-getmerge [-nl] [-skip-empty-file] <src> <localdst>]
[-head <file>]
[-help [cmd ...]]
[-ls [-C] [-d] [-h] [-q] [-R] [-t] [-S] [-r] [-u] [-e] [<path> ...]]
[-mkdir [-p] <path> ...]
[-moveFromLocal <localsrc> ... <dst>]
[-moveToLocal <src> <localdst>]
[-mv <src> ... <dst>]
[-put [-f] [-p] [-l] [-d] <localsrc> ... <dst>]
[-renameSnapshot <snapshotDir> <oldName> <newName>]
[-rm [-f] [-r|-R] [-skipTrash] [-safely] <src> ...]
[-rmdir [--ignore-fail-on-non-empty] <dir> ...]
[-setfacl [-R] [{-b|-k} {-m|-x <acl_spec>} <path>]|[--set <acl_spec> <path>]]
[-setfattr {-n name [-v value] | -x name} <path>]
[-setrep [-R] [-w] <rep> <path> ...]
[-stat [format] <path> ...]
[-tail [-f] <file>]
[-test -[defsz] <path>]
[-text [-ignoreCrc] <src> ...]
[-touch [-a] [-m] [-t TIMESTAMP ] [-c] <path> ...]
[-touchz <path> ...]
[-truncate [-w] <length> <path> ...]
[-usage [cmd ...]]
```

使用 hdfs dfsadmin 命令列出所有的操作命令，如下所示。

```
[root@bigdata111 ~]# hdfs dfsadmin
Usage: hdfs dfsadmin
Note: Administrative commands can only be run as the HDFS superuser.
[-report [-live] [-dead] [-decommissioning] [-enteringmaintenance]
[-inmaintenance]]
[-safemode <enter | leave | get | wait>]
[-saveNamespace [-beforeShutdown]]
[-rollEdits]
[-restoreFailedStorage true|false|check]
[-refreshNodes]
[-setQuota <quota> <dirname>...<dirname>]
[-clrQuota <dirname>...<dirname>]
[-setSpaceQuota <quota> [-storageType <storagetype>] <dirname>...<dirname>]
[-clrSpaceQuota [-storageType <storagetype>] <dirname>...<dirname>]
[-finalizeUpgrade]
[-rollingUpgrade [<query|prepare|finalize>]]
[-upgrade <query | finalize>]
[-refreshServiceAcl]
[-refreshUserToGroupsMappings]
```

```
[-refreshSuperUserGroupsConfiguration]
[-refreshCallQueue]
[-refresh <host:ipc_port> <key> [arg1...argn]]
[-reconfig <namenode|datanode> <host:ipc_port> <start|status|properties>]
[-printTopology]
[-refreshNamenodes datanode_host:ipc_port]
[-getVolumeReport datanode_host:ipc_port]
[-deleteBlockPool datanode_host:ipc_port blockpoolId [force]]
[-setBalancerBandwidth <bandwidth in bytes per second>]
[-getBalancerBandwidth <datanode_host:ipc_port>]
[-fetchImage <local directory>]
[-allowSnapshot <snapshotDir>]
[-disallowSnapshot <snapshotDir>]
[-shutdownDatanode <datanode_host:ipc_port> [upgrade]]
[-evictWriters <datanode_host:ipc_port>]
[-getDatanodeInfo <datanode_host:ipc_port>]
[-metasave filename]
[-triggerBlockReport [-incremental] <datanode_host:ipc_port>]
[-listOpenFiles [-blockingDecommission] [-path <path>]]
[-help [cmd]]
```

下面给出一些命令的使用示例。

(1) -mkdir：创建一个目录。可选参数-p 表示如果父目录不存在，则先创建目录。

```
#在 HDFS 的根目录下创建 a1 目录，在 a1 下面创建 b1 目录，在 b1 下面创建 c1 目录
hdfs dfs -mkdir -p /a1/b1/c1
```

(2) -ls 和-ls -R：查看目录。可选参数-R 表示查看子目录。

```
#查看 HDFS 的根目录，包括子目录下面的内容
hdfs dfs -ls -R /

#上面的命令可以简写成下面的形式
hdfs dfs -lsr /
```

(3) -put、-copyFromLocal、-moveFromLocal：都是上传文件到 HDFS。区别是使用-moveFromLocal 上传文件会删除本地的文件，相当于执行了剪切操作。

```
#在本地编辑文件 data.txt，并输入以下内容
vi data.txt
I love Beijing
I love China
Beijing is the capital of China

#在 HDFS 上创建/input 目录
hdfs dfs -mkdir /input

#将 data.txt 上传到/input 目录
hdfs dfs -put data.txt /input
```

(4) -get、-copyToLocal：都是从 HDFS 上下载文件。

```
#将 HDFS 的/input/data.txt 文件下载到当前目录
hdfs dfs -get /input/data.txt.
```

(5) -rm：删除一个空目录；-rmr，删除目录，包括子目录。

```
#删除前面创建的/a1 及其子目录
hdfs dfs -rmr /a1
```

(6) -getmerge：将 HDFS 目录下面的文件先合并，再下载。

```
#在本地编辑 students01.txt 和 students02.txt
#students01.txt 内容如下
1,Tom,23
2,Mary,22

#students02.txt 内容如下
3,Mike,24

#在 HDFS 上创建/students 目录，并上传数据文件
hdfs dfs -mkdir /students
hdfs dfs -put students0*.txt /students

#使用 getmerge 下载数据
hdfs dfs -getmerge /students./allstudents.txt

#查看 allstudents.txt 文件，内容如下
1,Tom,23
2,Mary,22
3,Mike,24
```

(7) -cp：执行 HDFS 文件的拷贝。

```
#将/input/data.txt 文件拷贝一份至/input/a1.txt 文件中
hdfs dfs -cp /input/data.txt /input/a1.txt
```

(8) -mv：移动 HDFS 文件。如果目的地与源目录相同，则执行重命名操作。

```
#将/input/a1.txt 文件重命名为/input/a2.txt
hdfs dfs -mv /input/a1.txt /input/a2.txt
```

(9) -count：统计目录下的文件信息。

```
hdfs dfs -count /students

#输入信息如下
1             2                29 /students

#其中：2 表示文件个数，29 表示总的字节大小
```

(10) -du：显示 HDFS 目录下文件的详细信息。

```
#查看/students 目录下文件的详细信息
hdfs dfs -du /students

#输出信息如下
19  19  /students/students01.txt
10  10  /students/students02.txt
```

(11) -text、-cat：查看 HDFS 文件的内容。

```
hdfs dfs -cat /input/data.txt
```

```
#输出信息如下
I love Beijing
I love China
Beijing is the capital of China
```

(12) -report：这是一个管理命令，可以查看 HDFS 集群的信息。

```
hdfs dfsadmin -report
```

```
#输出信息如下
Configured Capacity: 39746781184 (37.02 GB)
Present Capacity: 26564603904 (24.74 GB)
DFS Remaining: 26183876608 (24.39 GB)
DFS Used: 380727296 (363.09 MB)
DFS Used%: 1.43%
Replicated Blocks:
Under replicated blocks: 20
Blocks with corrupt replicas: 0
Missing blocks: 0
Missing blocks (with replication factor 1): 0
Low redundancy blocks with highest priority to recover: 20
Pending deletion blocks: 0
Erasure Coded Block Groups:
Low redundancy block groups: 0
Block groups with corrupt internal blocks: 0
Missing block groups: 0
Low redundancy blocks with highest priority to recover: 0
Pending deletion blocks: 0


-------------------------------------------------
Live datanodes (1):

Name: 192.168.157.111:9866 (bigdata111)
Hostname: bigdata111
Decommission Status : Normal
Configured Capacity: 39746781184 (37.02 GB)
DFS Used: 380727296 (363.09 MB)
Non DFS Used: 13182177280 (12.28 GB)
DFS Remaining: 26183876608 (24.39 GB)
DFS Used%: 0.96%
DFS Remaining%: 65.88%
Configured Cache Capacity: 0 (0 B)
Cache Used: 0 (0 B)
Cache Remaining: 0 (0 B)
Cache Used%: 100.00%
Cache Remaining%: 0.00%
Xceivers: 1
Last contact: Wed May 12 14:04:29 CST 2021
Last Block Report: Wed May 12 13:36:59 CST 2021
Num of Blocks: 252
```

【提示】

这里可以看到 HDFS 容量的大小、已使用的空间、数据节点的相关信息等。

(13) -safemode：这是一个管理命令，可以查看和操作 HDFS 的安全模式。

```
#查看当前 HDFS 的安全模式状态
hdfs dfsadmin -safemode get

#输出信息如下
Safe mode is OFF
```

2. 使用 Java API 操作 HDFS

由于 HDFS 本身是基于 Java 语言开发的，因此也提供了对应的 Java API 来进行操作。可以使用 Maven 的方式来搭建 Java 工程，也可以使用下面的 jar 包手动添加 Java 工程。

```
$HADOOP_HOME/share/hadoop/common/*.jar
$HADOOP_HOME/share/hadoop/common/lib/*.jar
$HADOOP_HOME/share/hadoop/hdfs/*.jar
$HADOOP_HOME/share/hadoop/hdfs/lib/*.jar
```

下面给出通过 Java API 操作 HDFS 的示例程序。为了方便测试，这里使用了 JUnit。需要注意的是，通过运行在 Windows 上的 Java 程序来操作部署在 Linux 上的 HDFS，需要设置 HADOOP_USER_NAME 环境变量；或者在 hdfs-site.xml 配置文件中将参数 dfs.permissions 设置为 false。

(1) 在 HDFS 上创建目录。

```
@Test
public void testMKDir() throws Exception{
    //以 Linux 的 root 身份来执行程序
    System.setProperty("HADOOP_USER_NAME", "root");

    //配置 NameNode 的地址
    Configuration conf = new Configuration();
    //这里通过主机名访问，需要配置 Windows 的 hosts
    conf.set("fs.defaultFS", "hdfs://bigdata111:9000");

    //得到 HDFS 的客户端
    //FileSystem 是一个抽象类，具体实现类是 DistributedFileSystem
    FileSystem client = FileSystem.get(conf);

    //创建目录
    client.mkdirs(new Path("/tools"));

    client.close();
}
```

(2) 上传数据。这里我们将 Hadoop 的安装包上传到 HDFS 的 tools 目录下，并重命名为 a.tar.gz。

```
@Test
public void testUpload() throws Exception{
    //构建一个输入流，代表上传的文件
    InputStream input = new FileInputStream("d:\\temp\\hadoop-3.1.2.tar.gz");

    //配置 NameNode 的地址
```

```
    Configuration conf = new Configuration();
    conf.set("fs.defaultFS", "hdfs://bigdata111:9000");

    //FileSystem 是一个抽象类,具体实现类是 DistributedFileSystem
    FileSystem client = FileSystem.get(conf);

    //创建一个输出流,指向 HDFS
    OutputStream output = client.create(new Path("/tools/a.tar.gz"));

    //从输入流中读取数据,写到输出流中
    IOUtils.copyBytes(input, output, 1024);

    client.close();
}
```

(3) 下载数据。这里我们将之前上传的/tools/a.tar.gz 文件下载到本地 d:\temp 目录下,
并重命名为 abc.tar.gz。

```
@Test
public void testDownload() throws Exception{
    //创建一个输出流,代表下载的目的地
    OutputStream output = new FileOutputStream("d:\\temp\\abc.tar.gz");

    //配置 NameNode 的地址
    Configuration conf = new Configuration();
    conf.set("fs.defaultFS", "hdfs://bigdata111:9000");

    //FileSystem 是一个抽象类,具体实现类是 DistributedFileSystem
    FileSystem client = FileSystem.get(conf);

    //创建一个输入流,代表即将下载的文件
    InputStream input = client.open(new Path("/tools/a.tar.gz"));

    IOUtils.copyBytes(input, output, 1024);

    client.close();
}
```

(4) 查询某个文件对应的数据块在 HDFS 中的位置。

```
@Test
public void testGetBlock() throws Exception{
    //配置 NameNode 的地址
    Configuration conf = new Configuration();
    conf.set("fs.defaultFS", "hdfs://bigdata111:9000");

    FileSystem client = FileSystem.get(conf);

    FileStatus fs = client.getFileStatus(new Path("/tools/a.tar.gz"));

    //获取该文件的数据块信息
    BlockLocation[] blocks = client.getFileBlockLocations(fs, 0, fs.getLen());
    for(BlockLocation block:blocks) {
        System.out.println(Arrays.toString(block.getHosts()));
    }
```

```
        client.close();
}
```

(5) 获取所有的 DataNode 信息。

```
@Test
public void testGetDataNode() throws Exception{
    //配置 NameNode 的地址
    Configuration conf = new Configuration();
    conf.set("fs.defaultFS", "hdfs://bigdata111:9000");//需要配置Windows的hosts

    //得到 HDFS 的客户端
    DistributedFileSystem client = (DistributedFileSystem)FileSystem.get(conf);

    //获取所有的 DataNode
    DatanodeInfo[] list = client.getDataNodeStats();
    for(DatanodeInfo datanode:list) {
        System.out.println(datanode.getHostName());
    }
    client.close();
}
```

3. 使用 Web Console 操作 HDFS

HDFS 除了提供命令行和 Java API 的访问方式以外，还可以通过 Web Console 图形化的方式来访问。默认的端口号是 9870。下面介绍 HDFS Web Console 的几个页面。

1) Overview 页面

这是 HDFS Web Console 的首页，如图 1-64 所示。页面显示了 HDFS 启动的时间、版本信息、安全模式的状态、集群的容量等信息，与使用 HDFS 管理命令-report 输出的信息类似。

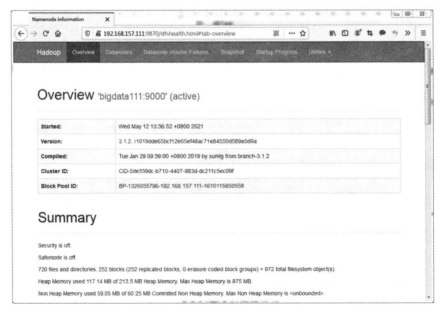

图 1-64　HDFS 的 Overview 页面

项 目 一 企业人力资源数据的分析与处理

2) Datanodes 页面

显示 HDFS 数据节点的详细信息，如图 1-65 所示。由于这里使用的是伪分布式模式的环境，因此只有一个 Datanodes。

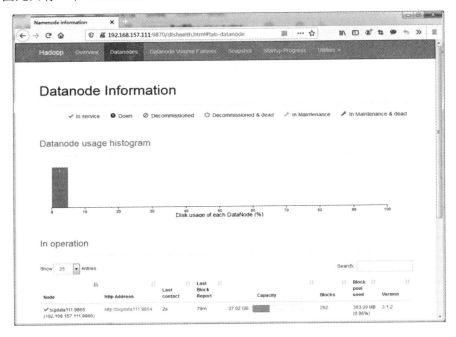

图 1-65 Datanodes 页面

3) Snapshot 页面

这是 HDFS 的快照页面。快照是 HDFS 提供的一种备份方式，可以防止由于误操作造成数据的丢失。由于默认情况下，HDFS 的快照是关闭的，因此在这个界面上没有任何相关的信息，如图 1-66 所示。HDFS 的快照将在下一小节详细介绍。

图 1-66 快照页面

51

4) Startup Progress 页面

Startup Progress(启动过程)页面如图 1-67 所示。

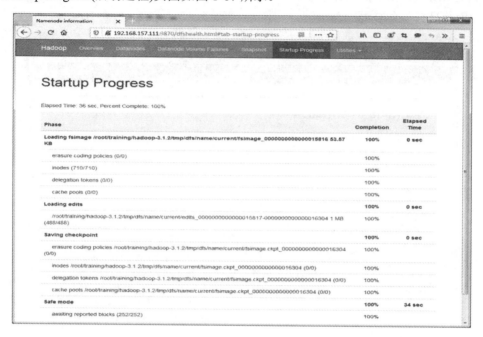

图 1-67　启动过程页面

HDFS 的启动分为四个阶段。表 1-2 分别介绍了每个阶段的具体作用。

表 1-2　HDFS 启动四个阶段的具体作用

启动阶段	描　述
Loading fsimage	加载元信息文件。在前面的内容中提到，元信息文件 fsimage 记录了数据块的位置信息，HDFS 在启动的时候首先会加载 fsimage 文件，这样就能够获取整个 HDFS 中数据块的分布信息。但 fsimage 文件中记录的元信息并没有体现 HDFS 的状态
Loading edits	HDFS 的操作日志文件 edits 用于记录客户端的操作，它体现了 HDFS 的最新状态信息。因此在 HDFS 启动的第二个阶段，需要加载这样的日志信息
Saving checkpoint	HDFS 启动的第三阶段将触发一个检查点。一旦触发检查点，将会以最高的优先级唤醒 SecondaryNameNode，将 edits 日志中最新的状态信息合并写入 fsimage 文件中
Safe mode	HDFS 启动的最后一个阶段将进入安全模式。在安全模式下，将检查数据块的完整性

三、HDFS 的高级特性

HDFS 除了最基本的上传数据和下载数据的功能以外，还提供了很多高级特性用于使用和操作，主要有回收站、快照、配额管理、安全模式、权限管理，同时从 Hadoop 3.x 开始还提供了纠删码技术，下面分别进行介绍。

1. 回收站

默认情况下，回收站是关闭的，可以通过在 core-site.xml 中添加 fs.trash.interval 来打开回收站的时间阈值，例如：

```
<property>
  <name>fs.trash.interval</name>
  <value>1440</value>
</property>
```

这里需要重启 HDFS。删除文件时，其实是将要删除的文件或者目录放入回收站对应的目录：/trash，相当于执行了一个移动操作。例如，当删除/input/data.txt 文件时，将看到如下的日志信息。

```
hdfs dfs -rmr /tools/b.tar.gz
2021-01-15 20:55:31,387 INFO fs.TrashPolicyDefault:
Moved: 'hdfs://bigdata111:9000/input/data.txt' to
trash at: hdfs://bigdata111:9000/user/root/.Trash/Current/input/data.txt
```

回收站里的文件可以快速恢复，同时还可以设置一个时间阈值。若回收站里的文件存放时间超过这个阈值，就被彻底删除，并且释放占用的数据块。例如，在上面的设置中设置的时间阈值是 1440 分钟，即一天的时间。

下面列举一些 HDFS 回收站的基本操作。

(1) 查看回收站。

```
hdfs dfs -lsr /user/root/.Trash/Current
```

(2) 从回收站中恢复。

```
hdfs dfs -cp /user/root/.Trash/Current/input/data.txt/input
```

(3) 清空回收站。

```
hdfs dfs -expunge
```

2. 快照

snapshot(快照)是一个完整的文件系统或者某个目录在某一时刻的镜像。这里其实可以把 HDFS 的快照理解成 HDFS 提供的一种备份机制。快照主要应用在以下场景中。

(1) 防止用户的错误操作。

(2) 备份。

(3) 试验/测试。

(4) 灾难恢复。

需要注意的是，由于 HDFS 的快照功能针对的是目录，因此需要首先使用 HDFS 的管理员命令开启目录的快照功能，再使用 HDFS 的操作命令创建目录的快照，下面列出了与快照相关的命令。

```
hdfs dfsadmin 管理命令
    [-allowSnapshot <snapshotDir>]
    [-disallowSnapshot <snapshotDir>]
```

```
hdfs dfs 操作命令
    [-createSnapshot <snapshotDir> [<snapshotName>]]
    [-deleteSnapshot <snapshotDir> <snapshotName>]
    [-renameSnapshot <snapshotDir> <oldName> <newName>]
```

```
对比快照命令
hdfs snapshotDiff
```

下面通过具体的操作来演示如何使用快照。

(1) 开启/input 目录的快照功能。

```
hdfs dfsadmin -allowSnapshot /input
```

(2) 为/input 目录创建第一个快照。

```
hdfs dfs -createSnapshot /input bk_input_20210115_01
```

(3) 上传一个新的文件到/input 目录，如 data1.txt。

```
hdfs dfs -put data1.txt /input
```

(4) 为/input 目录创建第二个快照。

```
hdfs dfs -createSnapshot /input bk_input_20210115_02
```

(5) 对比/input 目录中的两个快照。

```
hdfs snapshotDiff /input bk_input_20210115_01 bk_input_20210115_02
```

输出的信息如下。

```
Difference between snapshot bk_input_20210115_01 and snapshot
bk_input_20210115_02 under directory /input:
M    .
+    ./data1.txt
```

通过 HDFS 的 Web Console 也可以查看快照的相关信息，如图 1-68 所示。

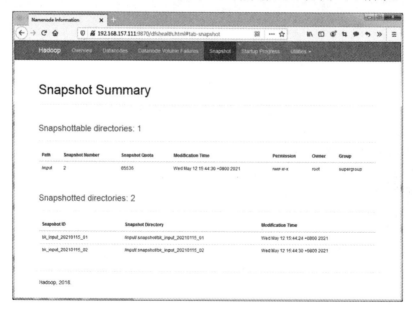

图 1-68　使用网页查看快照

3. 配额管理

配额就是 HDFS 为每个目录分配的空间，新建的目录是没有配额的，最大的配额是 Long.Max_Value。配额为 1，可以强制目录保持为空。HDFS 的配额分为以下两种。

(1) 名称配额：用于设置该目录中能够存放的最多文件(目录)个数，相关命令如下。

```
hdfs dfsadmin 管理命令
[-setQuota <quota> <dirname>...<dirname>]
[-clrQuota <dirname>...<dirname>]
```

下面通过具体的示例演示如何使用 HDFS 的名称配额。

```
#创建一个新的目录
hdfs dfs -mkdir /test1

#设置目录的名称配额是 3，表示最多只能在该目录下存放 2 个文件或者目录
hdfs dfsadmin -setQuota 3 /test1
```

上传三个文件到/test1 目录，将出现以下错误信息。

```
put: The NameSpace quota (directories and files) of directory /test1 is
exceeded: quota=3 file count=4
```

(2) 空间配额：用于设置该目录中最大能够存放的文件大小，相关命令如下。

```
hdfs dfsadmin 管理命令
[-setSpaceQuota <quota> [-storageType <storagetype>] <dirname>...]
[-clrSpaceQuota [-storageType <storagetype>] <dirname>...<dirname>]
```

下面通过具体的示例演示如何使用 HDFS 的空间配额。

```
#创建一个新的目录
hdfs dfs -mkdir /test2

#设置目录的空间配额是 1MB，表示该目录下只能存放不超过 1MB 的文件
hdfs dfsadmin -setSpaceQuota 1MB /test2
```

上传一个小于 1MB 的文件到/test2 目录，将出现以下错误信息。

```
put: The DiskSpace quota of /test2 is exceeded: quota = 1048576 B = 1 MB but
diskspace consumed = 134217728 B = 128 MB
```

通过这里的错误能够看出，当设置空间配额的时候，其数值一定不能小于一个数据块的大小，否则任何一个文件都无法存入 HDFS。

4. 安全模式

安全模式是 HDFS 的一种保护机制，用于保证集群中的数据块的安全性。下面介绍操作安全模式的相关参数。

```
hdfs dfsadmin -safemode
Usage: hdfs dfsadmin [-safemode enter | leave | get | wait | forceExit]
```

如果 HDFS 处于安全模式，则表示 HDFS 是只读状态。具体代码如下。

```
[root@bigdata111 ~]# hdfs dfsadmin -safemode get
Safe mode is OFF
```

```
[root@bigdata111 ~]# hdfs dfsadmin -safemode enter
Safe mode is ON
[root@bigdata111 ~]# hdfs dfsadmin -safemode get
Safe mode is ON
[root@bigdata111 ~]# hdfs dfs -mkdir /test3
mkdir: Cannot create directory /test3. Name node is in safe mode.
[root@bigdata111 ~]# hdfs dfsadmin -safemode leave
Safe mode is OFF
```

首先，查看 HDFS 的安全模式返回 OFF，表示 HDFS 可以正常操作；按 Enter 键手动进入安全模式，再次获取安全模式的状态返回 ON，表示 HDFS 安全模式已经打开，这时候 HDFS 为只读状态；接下来创建一个/test3 目录，将返回错误信息；最后，手动退出安全模式。

那么，HDFS 为什么有安全模式呢？前面提到安全模式是 HDFS 的一种保护机制，用于检查数据块的完整性。当集群启动的时候，会首先进入安全模式。当系统处于安全模式时会检查数据块的完整性。假设我们设置的副本数(即参数 dfs.replication)是 5，那么在 DataNode 上就应该有 5 个副本存在；假设只存在 3 个副本，那么比例就是 3/5=0.6。在配置文件 hdfs-default.xml 中定义了一个最小的副本，副本率为 0.999。我们的副本率 0.6 明显小于 0.999，因此系统会自动地复制副本到其他的 DataNode，使得副本率不小于 0.999。如果系统中有 8 个副本，超过我们设定的 5 个副本，那么系统也会删除多余的 3 个副本。

HDFS 在安全模式下，虽然不能进行修改文件的操作，但是可以浏览目录结构、查看文件内容。

5. 权限管理

HDFS 的权限管理类似 Linux，可以通过命令-ls 查看目录或者文件的权限信息。

```
[root@bigdata111 ~]# hdfs dfs -ls /input/data.txt
-rw-r--r--   1 root supergroup   60 2021-01-11 20:29 /input/data.txt
```

使用 HDFS 的操作命令可以改变文件或者目录的权限，表 1-3 列出了权限相关的命令。

表 1-3　权限相关的命令介绍

命　　令	含　　义
chmod [-R] mode file …	只有文件的所有者或者超级用户才有权限改变文件模式
chgrp [-R] group file … chgrp [-R] group file …	使用 chgrp 命令的用户必须属于特定的组且是文件的所有者，或者用户是超级用户
chown [-R] [owner][:[group]] file …	修改文件或目录的所有者

四、HDFS 的底层通信方式 RPC

简单来说，RPC 就是一个调用方式。通过 RPC 可以在客户端远程调用运行在远端 RPC Server 上的应用程序，而 HDFS 中客户端访问 NameNode 使用的就是 RPC 方式。图 1-69 所示为一个简单的 RPC 调用。

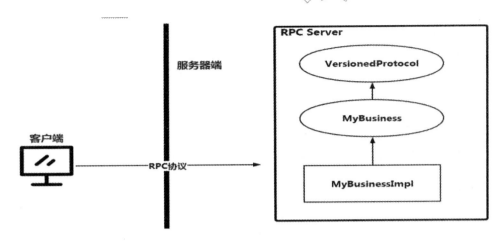

图 1-69 RPC 调用的过程

　　这里我们开发了业务接口 MyBusiness 和具体的实现类 MyBusinessImpl。Hadoop 已经实现了 RPC 框架，如果要把业务程序运行在 Hadoop 的 RPC 框架中，需要继承 VersionedProtocol 接口；当 RPC Server 端的应用程序部署完成后，就可以通过 RPC Client 端进行调用。

　　我们已经了解了 RPC 的基本内容。现在就可以把自己的应用程序部署到 Hadoop 已经实现好的 RPC 框架中。具体的代码实现如下。

1. 业务接口

```
package demo.rpc.server;

import org.apache.hadoop.ipc.VersionedProtocol;

public interface MyBusiness extends VersionedProtocol{

    //定义一个版本号
    public static long versionID = 1;

    //定义业务方法
    public String sayHello(String name);
}
```

2. 业务实现

```
package demo.rpc.server;
import java.io.IOException;
import org.apache.hadoop.ipc.ProtocolSignature;
```

```
public class MyBusinessImpl implements MyBusiness {

    @Override
    public String sayHello(String name) {
        System.out.println("****调用到了服务器端****");
        return "Hello " + name;
    }

    @Override
    public ProtocolSignature getProtocolSignature(String arg0, long arg1, int arg2)
    throws IOException {
        // 返回服务器端代码的签名(版本号)
        return new ProtocolSignature(MyBusiness.versionID, null);
    }

    @Override
    public long getProtocolVersion(String arg0, long arg1) throws IOException {
        // 返回版本号
        return MyBusiness.versionID;
    }
}
```

3. 服务器端主程序

```
package demo.rpc.server;

import java.io.IOException;

import org.apache.hadoop.HadoopIllegalArgumentException;
import org.apache.hadoop.conf.Configuration;
import org.apache.hadoop.ipc.RPC;
import org.apache.hadoop.ipc.RPC.Server;

public class MyRPCServer {

    public static void main(String[] args) throws Exception {
        //创建一个 RPC Server
        RPC.Builder builder = new RPC.Builder(new Configuration());
        builder.setBindAddress("localhost");
        builder.setPort(1234);

        //发布程序
        builder.setProtocol(MyBusiness.class);        //客户端调用的接口
        builder.setInstance(new MyBusinessImpl());   //实现类

        Server server = builder.build();
        server.start();
    }
}
```

4. 开发客户端程序

```
package demo.rpc.client;
```

```
import java.io.IOException;
import java.net.InetSocketAddress;

import org.apache.hadoop.conf.Configuration;
import org.apache.hadoop.ipc.RPC;

import demo.server.MyBusiness;

public class MyRPCClient {

    public static void main(String[] args) throws Exception {
        MyBusiness proxy = RPC.
            //调用的接口
            getProxy(MyBusiness.class,
            //版本号
            MyBusiness.versionID,
            //RPC Server 的地址
            new InetSocketAddress("localhost", 1234),
            new Configuration());

            //打印 RPC Server 返回的结果
            System.out.println(proxy.sayHello("Tom"));
    }
}
```

代码运行的结果如图 1-70 所示。

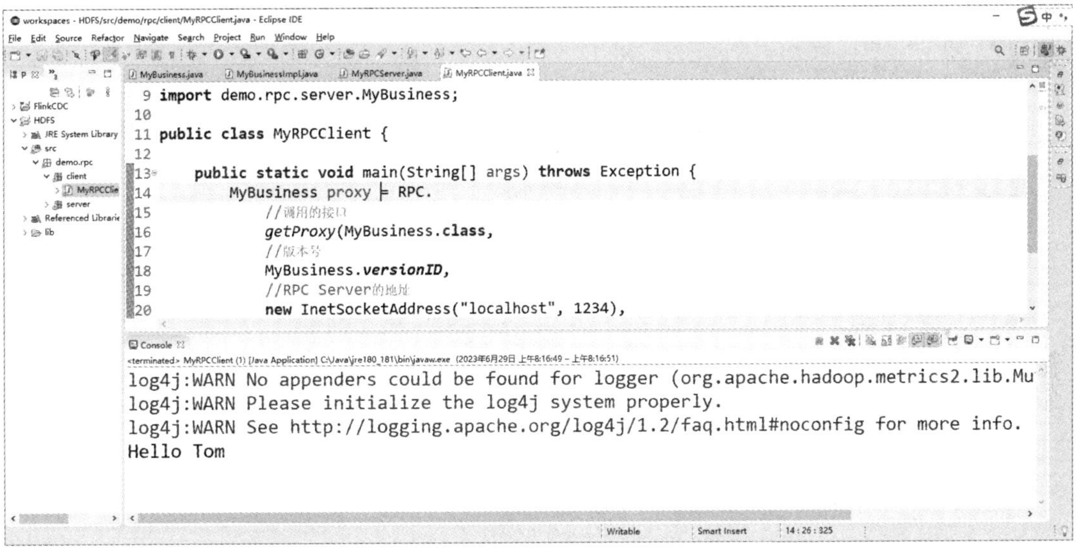

图 1-70　执行 RPC 的结果

【任务实施】

在掌握了 HDFS 的体系架构与操作后，下面通过使用命令行和 Java API 两种方式将企业人力资源数据文件上传到 HDFS 中。

【提示】

employees.csv 文件为企业人力资源数据，其中包含 121 条员工数据。

以下是具体的操作步骤。

(1) 通过 FTP 工具将 employees.csv 文件上传到 Linux 虚拟机，如图 1-71、图 1-72 所示。

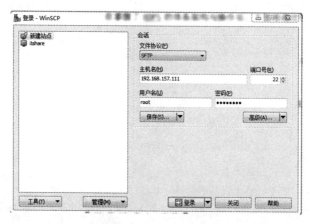

图 1-71 打开 FTP 工具

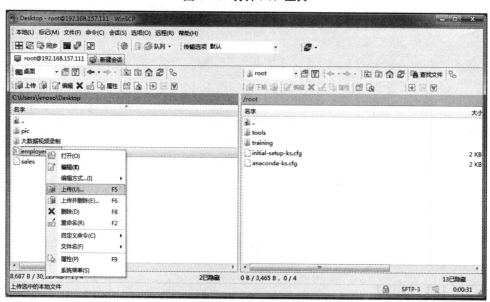

图 1-72 上传 CSV 文件

(2) 启动 HDFS。

```
start-dfs.sh
```

输出的信息如下。

```
Starting namenodes on [bigdata111]
Last login: Wed Jun 15 19:27:33 CST 2022 from 192.168.157.1 on pts/0
Starting datanodes
```

```
Last login: Wed Jun 15 19:27:40 CST 2022 on pts/0
Starting secondary namenodes [bigdata111]
Last login: Wed Jun 15 19:27:43 CST 2022 on pts/0
```

(3) 在 HDFS 上创建目录，用于保存 employees.csv 文件。

```
hdfs dfs -mkdir /hr
```

(4) 将 employees.csv 文件上传到 HDFS 的 hr 目录下。

```
hdfs dfs -put employees.csv /hr
```

(5) 查看 HDFS 的 hr 目录。

```
hdfs dfs -ls /hr
```

输出的信息如下。

```
Found 1 items
-rw-r--r--   1 ...... /hr/employees.csv
```

(6) 在 HDFS 上创建一个新的目录。

```
hdfs dfs -mkdir /hr1
```

(7) 开发 Java 程序，使用 Java API 将 employees.csv 文件上传到 HDFS 的 hr1 目录下。

```java
@Test
public void testUpload() throws Exception{
    //构建一个输入流，代表上传的文件
    InputStream input = new FileInputStream("d:\\temp\\employees.csv");

    //配置 NameNode 的地址
    Configuration conf = new Configuration();
    conf.set("fs.defaultFS", "hdfs://192.168.157.111:9000");

    //FileSystem 是一个抽象类，具体实现类是 DistributedFileSystem
    FileSystem client = FileSystem.get(conf);

    //创建一个输出流，指向 HDFS
    OutputStream output = client.create(new Path("/hr1/employees.csv"));

    //从输入流中读取数据，写到输出流中
    IOUtils.copyBytes(input, output, 1024);

    client.close();

System.out.println("上传完成");
}
```

(8) Java 程序运行结果如图 1-73 所示。

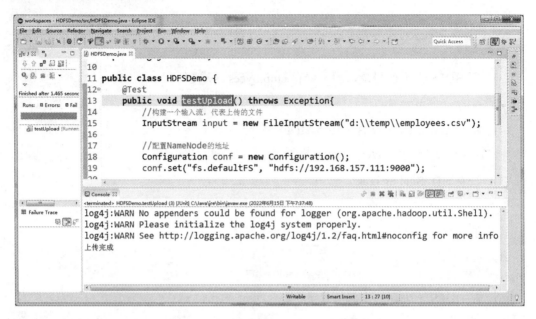

图 1-73　在 Eclipse 中执行 HDFS 程序

【任务检查与评价】

完成任务实施后，进行任务检查与评价，具体的检查评价内容如表 1-4 所示。

表 1-4　任务检查评价表

项目名称	企业人力资源员工数据的离线分析				
任务名称	准备项目数据与环境				
评价方式	可采用自评、互评、教师评价等方式				
说明	主要评价学生在项目学习过程中的操作技能、理论知识、学习态度、课堂表现、学习能力等				
评价内容与评价标准					
序号	评价内容	评价标准		分值	得分
1	知识运用 (20%)	掌握相关理论知识，理解本次任务要求，制订详细计划，计划条理清晰，逻辑正确(20 分)		20 分	
		理解相关理论知识，能根据本次任务要求制订合理计划(15 分)			
		了解相关理论知识，有制订计划(10 分)			
		无制订计划(0 分)			
2	专业技能 (40%)	结果验证全部满足(40 分)		40 分	
		结果验证只有一个功能不能实现，其他功能全部实现(30 分)			
		结果验证只有一个功能实现，其他功能全部没有实现(20 分)			
		结果验证功能均未实现(0 分)			

续表

序号	评价内容	评价标准	分值	得分
3	核心素养 (20%)	具有良好的自主学习能力和分析解决问题的能力，整个任务过程中有指导他人(20 分)	20 分	
		具有较好的学习能力和分析解决问题的能力，任务过程中无指导他人(15 分)		
		能够主动学习并收集信息，有请教他人进行解决问题的能力(10 分)		
		不主动学习(0 分)		
4	课堂纪律 (20%)	设备无损坏，无干扰课堂秩序(20 分)	20 分	
		无干扰课堂秩序(10 分)		
		干扰课堂秩序(0 分)		

【任务小结】

在本任务中，学生需要掌握 HDFS 的体系架构与底层通信方式，以使用不同的方式操作 HDFS：使用 HDFS 的操作命令；开发 HDFS 的 Java 客户端程序；使用 HDFS 的 Web Console 界面。

【任务拓展】

HDFS 在实际的生产环境使用中，为了提高系统的扩展性、实现负载均衡的功能和解决单点故障的问题，通常需要实现 HDFS 的联盟和 HA。这里将对 HDFS 的联盟和 HDFS HA 进行介绍。

1. 什么是 HDFS 的联盟

HDFS 在存储数据的时候，实际上包含命名空间管理(namespace management)和块/存储管理(block/storage management)。HDFS 中的目录、文件和数据块都属于命名空间。命名空间管理主要是指对目录和文件的基本操作，如创建、修改、删除等；而块/存储管理则主要负责将数据按照数据块进行存储。图 1-74 说明了它们之间的关系。

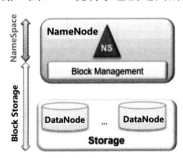

图 1-74　NameNode 与 DataNode 的关系

如果在整个 HDFS 中只存在一个命名空间，并且只由一个 NameNode 来维护，则必然存在单点故障的问题，也不利于集群的扩展和性能的提升。因此，HDFS 引入了联盟的机制。简单来说，就是让 HDFS 可以支持多个命名空间，并由不同的 NameNode 进行维护。图 1-75 所示为 HDFS 联盟的基本架构。

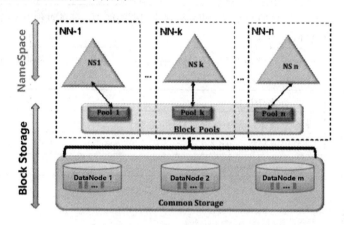

图 1-75　HDFS 联盟的基本架构

这里我们可以使用多个 NameNode 来维护不同的 NameSpace，就相当于在 MySQL 数据库中创建不同的数据库一样，它们彼此之间可以相互隔离。尽管是不同的 NameSpace，但是从数据块存储的角度来看，这些由 NameNode 维护的 NameSpace 是使用共享存储的方式来存储数据块，即后端的 DataNode 将会为每一个 NameSpace 提供存储的空间。

另一方面，我们都知道 NameNode 会接收客户端的请求。如果存在多个 NameNode，那么客户端的请求应该由谁来进行处理呢？这时候我们就需要有 ViewFS(视图文件系统)的支持。ViewFS 的本质就是一系列的路由规则，这些路由规则需要事先创建好。客户端的请求先提交到 ViewFS 上，再根据事先配置好的路由规则，进而转发给不同的 NameNode 进行处理。图 1-76 说明了 ViewFS 的作用。

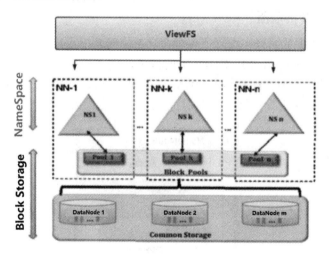

图 1-76　ViewFS 的作用

2. HDFS 联盟的架构

图 1-77 所示为以四个节点部署的联盟架构。

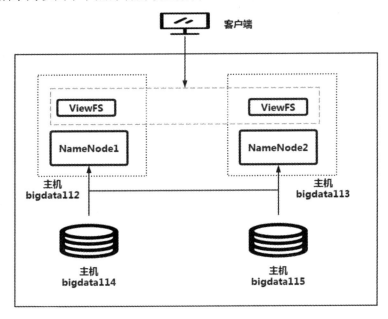

图 1-77　四个节点部署的联盟架构

这里我们使用了四台虚拟机，分别是 bigdata112、bigdata113、bigdata114 和 bigdata115。在 bigdata112 和 bigdata113 上分别部署两个 NameNode；在 bigdata114 和 bigdata115 上各部署一个 DataNode。而 ViewFS 可以跟 NameNode 部署在同一个节点上，即 bigdata112 和 bigdata113。

3. 部署 HDFS 的联盟

在了解了联盟的具体作用和部署的架构后，就可以开始部署联盟的环境了。

(1) 准备工作。

准备四台虚拟机，主机名分别为 bigdata112、bigdata113、bigdata114 和 bigdata115。每台虚拟机上安装 JDK、关闭防火墙、配置主机名和免密码登录。

(2) 修改 bigdata112 的 hadoop-env.sh 文件。

```
export JAVA_HOME=/root/training/jdk1.8.0_181
```

(3) 修改 bigdata112 的 core-site.xml 文件。

```
<property>
    <name>hadoop.tmp.dir</name>
    <value>/root/training/hadoop-3.1.2/tmp</value>
</property>
```

(4) 修改 bigdata112 的 hdfs-site.xml 文件。

```
<!--这里表示有两个NameNode-->
<property>
```

```
    <name>dfs.nameservices</name>
    <value>ns1,ns2</value>
</property>

<!--第一个 NameNode 的相关配置参数-->
<property>
    <name>dfs.namenode.rpc-address.ns1</name>
    <value>bigdata112:9000</value>
</property>

<property>
    <name>dfs.namenode.http-address.ns1</name>
    <value>bigdata112:50070</value>
</property>

<property>
    <name>dfs.namenode.secondaryhttp-address.ns1</name>
    <value>bigdata112:50090</value>
</property>

<!--第二个 NameNode 的相关配置参数-->
<property>
    <name>dfs.namenode.rpc-address.ns2</name>
    <value>bigdata113:9000</value>
</property>

<property>
    <name>dfs.namenode.http-address.ns2</name>
    <value>bigdata113:50070</value>
</property>

<property>
    <name>dfs.namenode.secondaryhttp-address.ns2</name>
    <value>bigdata113:50090</value>
</property>

<!--数据块的冗余度-->
<property>
    <name>dfs.replication</name>
    <value>2</value>
</property>

<!--禁用权限检查-->
<property>
    <name>dfs.permissions</name>
    <value>false</value>
</property>
```

(5) 修改 bigdata112 的 mapred-site.xml 文件。

```
<property>
    <name>mapreduce.framework.name</name>
    <value>yarn</value>
</property>
```

(6) 修改 bigdata112 的 yarn-site.xml 文件。

```
<property>
    <name>yarn.resourcemanager.hostname</name>
    <value>bigdata112</value>
</property>

<property>
    <name>yarn.nodemanager.aux-services</name>
    <value>mapreduce_shuffle</value>
</property>
```

(7) 修改 bigdata112 的 worker 文件。

```
bigdata114
bigdata115
```

(8) 在 bigdata112 的 core-site.xml 文件中加入 ViewFS 的路由规则。

```
<!--这里指定了联盟的 ID 号为 xdl1-->
<property>
    <name>fs.viewfs.mounttable.xdl1.homedir</name>
    <value>/home</value>
</property>

<property>
    <name>fs.viewfs.mounttable.xdl1.link./movie</name>
    <value>hdfs://bigdata112:9000/movie</value>
</property>

<property>
    <name>fs.viewfs.mounttable.xdl1.link./mp3</name>
    <value>hdfs://bigdata113:9000/mp3</value>
</property>

<property>
    <name>fs.default.name</name>
    <value>viewfs://xdl1</value>
</property>
```

(9) 将 bigdata112 配置好的 Hadoop 目录复制到其他节点。

```
scp -r hadoop-3.1.2/ root@bigdata113:/root/training
scp -r hadoop-3.1.2/ root@bigdata114:/root/training
scp -r hadoop-3.1.2/ root@bigdata115:/root/training
```

(10) 在 bigdata112 和 bigdata113 上对 NameNode 分别进行格式化。注意这里的 ID 号。

```
hdfs namenode -format -clusterId xdl1
```

(11) 在 bigdata112 上启动 HDFS。

```
start-all.sh
```

(12) 根据路由规则在对应的 NameNode 上建立目录。

```
hadoop fs -mkdir hdfs://bigdata112:9000/movie
hadoop fs -mkdir hdfs://bigdata113:9000/mp3
```

(13) 接下来就可以正常操作 HDFS 了。例如可以查看一下 HDFS。

```
[root@bigdata112 training]# hdfs dfs -ls /
Found 2 items
-r-xr-xr-x  - root root          0 2021-01-18 00:36 /movie
-r-xr-xr-x  - root root          0 2021-01-18 00:36 /mp3
```

【提示】

这里的/movie 和/mp3 是我们定义在 ViewFS 上的路由规则,并不是真正的 HDFS 目录。

(14) 图 1-78 所示为 bigdata112、bigdata113、bigdata114 和 bigdata115 上的后台进程信息。

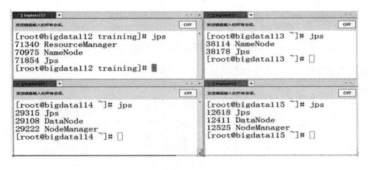

图 1-78　联盟的后台进程

这里可以看到,在 bigdata112 和 bigdata113 上各有一个 NameNode,而在 bigdata114 和 bigdata115 上各有一个 DataNode。

4. HDFS HA 的架构

在前面的内容中,我们曾经提到大数据的核心组件都是采用 Master-Slave 架构,即主从架构,只要是主从架构就存在单点故障的问题,我们可以基于 ZooKeeper 来解决这一问题。而其中又以 HDFS 的 HA 架构最为复杂,所以本小节我们将以 HDFS 为例介绍 HA 的实现架构与部署。图 1-79 所示为 HDFS HA 的整体架构。

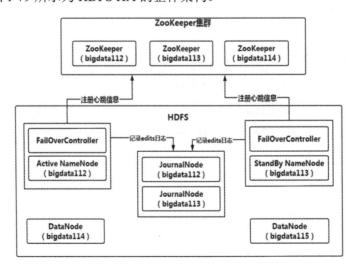

图 1-79　HDFS HA 的整体架构

在 HDFS HA 的架构中引入了双 NameNode 的架构，通过将两个 NameNode 分别配置为 Active 和 StandBy 状态，从而解决了 HDFS 的单点故障问题。StandBy NameNode 作为 Active NameNode 的热备份，能够在 Active NameNode 发生宕机或者故障的时候，通过 ZooKeeper 的选举机制自动切换为 StandBy NameNode。

为了实现 HA 的主备切换，整个架构中还增加了 FailOverController。它与 ZooKeeper 进行通信，将 NameNode 的心跳信息注册到 ZooKeeper 中。如果 Active NameNode 发生故障，ZooKeeper 就无法通过 FailOverController 接收到心跳信息，ZooKeeper 则会找到另外一个 FailOverController，从而执行 NameNode 的切换。

架构中的 JournalNode 实现了主备 NameNode 元数据操作信息同步。元信息主要包括 fsimage 信息和 edits 信息，而其中最重要的就是 edits 日志信息。为什么在 HA 架构中需要使用 JournalNode 单独维护元信息，而不能由 NameNode 进行维护呢？因为 NameNode 存在单点故障的问题，如果 NameNode 所在的主机宕机，就无法访问到 HDFS 的元信息。因此需要至少使用两个 JournalNode 对 HDFS 的元信息分别进行维护和管理。

任务三 数据仓库 Hive

【职业能力目标】

- 对存储在 HDFS 中的企业人力资源员工数据进行分析，并找到需要的数据信息。
- 根据数据分析的需求，能使用大数据离线计算引擎 Hive SQL 处理员工数据，以获取相关的企业人力资源数据。

【任务描述与要求】

为了得到需要的数据，可以采用大数据离线计算引擎对清洗干净的数据进行分析和处理，由于数据是结构化数据也可以使用 SQL 语句进行分析处理。基于企业的员工数据分析得到每个部门的人数、最高工资、最低工资和平均工资。

【知识储备】

一、Hive 简介

Hive 是基于 Hadoop 之上的数据仓库平台，提供了数据仓库的相关功能。Hive 最早起源于 FaceBook，2008 年 FaceBook 将 Hive 贡献给了 Apache，成为了 Hadoop 体系中的一个组成部分。Hive 支持 HQL 语言，即 Hive Query Language，它是 SQL 语言的一个子集。随着 Hive 版本的提高，HQL 语言支持的 SQL 语法也越来越多。从另一个方面来看，可以把 Hive 理解为一个翻译器，默认的行为是 Hive on MapReduce，在 Hive 中执行的 HQL 语句会被转换成一个 MapReduce 任务运行在 Yarn 之上，从而处理 HDFS 中的数据。由于 Hive 将数据存入 HDFS 中，表 1-5 所示为它们之间的对应关系。

表 1-5　Hive 和 HDFS 之间的对应关系

Hive 的数据模型	HDFS
表	目录
分区	目录
数据	文件
桶	文件

前面提到 Hive 是基于 Hadoop 之上的数据仓库平台。因此 Hive 的底层主要依赖于 HDFS 和 Yarn。Hive 将数据存入 HDFS 中，执行的 SQL 语句将会被转换成 MapReduce 在 Yarn 中运行。图 1-80 所示为 Hive 的体系架构。

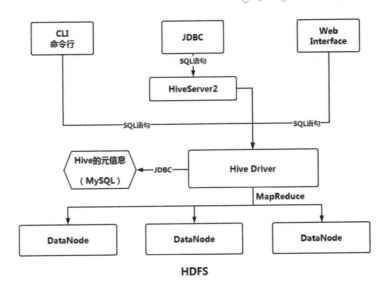

图 1-80 Hive 的体系架构

二、安装部署 Hive

由于 Hive 需要 MySQL 数据库的支持，因此安装部署 Hive 之前需要首先安装 MySQL 数据库。

1. 安装 MySQL 数据库

这里安装 MySQL 数据库主要有以下两方面的作用：一方面，将 MySQL 作为业务数据库来存储业务数据，如电商平台商品销售数据；另一方面，使用 Hive 分析数据时，需要 MySQL 数据库的支持。

下面是安装 MySQL 数据库的具体步骤。

(1) 解压 MySQL 安装包。

```
tar -xvf mysql-5.7.19-1.el7.x86_64.rpm-bundle.tar
```

(2) 卸载原有的 MySQL 库。

```
yum remove mysql-libs
```

(3) 执行下面的语句安装 MySQL。

```
rpm -ivh mysql-community-common-5.7.19-1.el7.x86_64.rpm
rpm -ivh mysql-community-libs-5.7.19-1.el7.x86_64.rpm
rpm -ivh mysql-community-client-5.7.19-1.el7.x86_64.rpm
rpm -ivh mysql-community-server-5.7.19-1.el7.x86_64.rpm
rpm -ivh mysql-community-devel-5.7.19-1.el7.x86_64.rpm
```

(4) 启动 MySQL。

```
systemctl start mysqld.service
```

(5) 查看初始的 root 用户的密码。

```
cat /var/log/mysqld.log | grep password
```

输出日志如下。

```
[Note] A temporary password is generated for root@localhost: oq5(vVeSppjq
```

(6) 使用上面的密码登录 SQL，并修改密码。这里我们把密码修改为 Welcome_1。

```
mysql -uroot -poq5(vVeSppjq
mysql >alter user 'root'@'localhost' identified by 'Welcome_1';
```

2. 安装 Hive

下面是具体安装部署 Hive 的步骤。

(1) 在 MySQL 中为 Hive 创建数据库和对应的用户。

```
mysql> create database hive;
mysql> create user 'hiveowner'@'%' identified by 'Welcome_1';
mysql> grant all on hive.* TO 'hiveowner'@'%';
mysql> grant all on hive.* TO 'hiveowner'@'localhost' identified by
'Welcome_1';
```

(2) 解压 Hive 的安装包。

```
tar -zxvf apache-hive-3.1.2-bin.tar.gz -C /root/training/
```

(3) 设置 Hive 的环境变量，在/root/.bash_profile 中输入下面的内容。

```
HIVE_HOME=/root/training/apache-hive-3.1.2-bin
export HIVE_HOME

PATH=$HIVE_HOME/bin:$PATH
export PATH
```

(4) 生效环境变量。

```
source /root/.bash_profile
```

(5) 编辑 Hive 的配置文件/root/training/apache-hive-3.1.2-bin/conf/hive-site.xml，并输入下面的内容。

```
<?xml version="1.0" encoding="UTF-8" standalone="no"?>
<?xml-stylesheet type="text/xsl" href="configuration.xsl"?>
<configuration>
    <!--MySQL 的 URL 地址-->
    <property>
        <name>javax.jdo.option.ConnectionURL</name>
        <value>jdbc:mysql://localhost:3306/hive?useSSL=false</value>
    </property>

    <!--MySQL 的数据库驱动-->
    <property>
        <name>javax.jdo.option.ConnectionDriverName</name>
        <value>com.mysql.jdbc.Driver</value>
    </property>

    <!--MySQL 用户名-->
    <property>
```

```
            <name>javax.jdo.option.ConnectionUserName</name>
            <value>hiveowner</value>
    </property>

    <!--用户的密码-->
    <property>
            <name>javax.jdo.option.ConnectionPassword</name>
            <value>Welcome_1</value>
    </property>
</configuration>
```

(6) 将 MySQL 的 JDBC Driver 放入 Hive 的 lib 目录下。

```
cp mysql-connector-java-5.1.43-bin.jar \
/root/training/apache-hive-3.1.2-bin/lib/
```

(7) 初始化 MySQL，建立 Hive 的元信息表。

```
schematool -dbType mysql -initSchema
```

(8) 进入 Hive 的命令行客户端。

```
hive -S
```

三、Hive 的数据模型

Hive 是基于 HDFS 之上的数据仓库，它把所有的数据存储在 HDFS 中，Hive 并没有专门的数据存储格式。在 Hive 中创建了表，就可以使用 load 语句将本地或者 HDFS 上的数据加载到表中，从而使用 SQL 语句进行分析和处理。Hive 的数据模型主要是指 Hive 的表结构，可以分为内部表、外部表、分区表、临时表和桶表，同时 Hive 也支持视图。

1. Hive 的内部表

内部表与关系型数据库中的表是一样的。使用 create table 语句可以创建内部表，并且每张表在 HDFS 上都会对应一个目录。这个目录将默认在 HDFS 的/user/hive/warehouse 下创建。除外部表外，表中如果存在数据，数据所对应的数据文件也将存储在这个目录下。删除表的时候，表中的元信息和数据都将被删除。

下面使用之前的员工数据(emp.csv)来创建内部表。

(1) 执行 create table 语句创建表结构。

```
hive> create table emp
(empno int,
ename string,
job string,
mgr int,
hiredate string,
sal int,
comm int,
deptno int)
row format delimited fields terminated by ',';
```

【提示】

由于 csv 文件是采用逗号进行分隔的，因此在创建表的时候需要指定分隔符是逗号。Hive 表的默认分隔符是一个不可见字符。

(2)　使用 load 语句加载本地的数据文件。

```
hive> load data local inpath '/root/temp/emp.csv' into table emp;
```

(3)　使用下面的语句加载 HDFS 的数据文件。

```
hive> load data inpath '/scott/emp.csv' into table emp;
```

(4)　执行 SQL 查询语句。

```
hive> select * from emp order by sal;
```

(5)　执行的结果如图 1-81 所示。

```
hive> create table emp
    > (empno int,
    > ename string,
    > job string,
    > mgr int,
    > hiredate string,
    > sal int,
    > comm int,
    > deptno int)
    > row format delimited fields terminated by ',';
hive> load data local inpath '/root/temp/emp.csv' into table emp;
hive> select * from emp order by sal;
7369    SMITH     CLERK      7902    1980/12/17        800    0      20
7900    JAMES     CLERK      7698    1981/12/3         950    0      30
7876    ADAMS     CLERK      7788    1987/5/23        1100    0      20
7521    WARD      SALESMAN   7698    1981/2/22        1250  500      30
7654    MARTIN    SALESMAN   7698    1981/9/28        1250 1400      30
7934    MILLER    CLERK      7782    1982/1/23        1300    0      10
7844    TURNER    SALESMAN   7698    1981/9/8         1500    0      30
7499    ALLEN     SALESMAN   7698    1981/2/20        1600  300      30
7782    CLARK     MANAGER    7839    1981/6/9         2450    0      10
7698    BLAKE     MANAGER    7839    1981/5/1         2850    0      30
7566    JONES     MANAGER    7839    1981/4/2         2975    0      20
7788    SCOTT     ANALYST    7566    1987/4/19        3000    0      20
7902    FORD      ANALYST    7566    1981/12/3        3000    0      20
7839    KING      PRESIDENT   -1     1981/11/17       5000    0      10
hive>
```

图 1-81　SQL 执行的结果

(6)　查看 HDFS 的/user/hive/warehouse/目录，可以看到创建的 emp 表和加载的 emp.csv 文件，如图 1-82 所示。

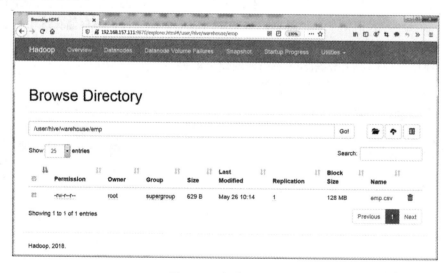

图 1-82　查看 HDFS

2. Hive 的外部表

与内部表不同的是，外部表可以将数据保存在 HDFS 的任意目录下。可以把外部表理解成是一个快捷方式，它的本质是建立一个指向 HDFS 上已有数据的链接，在创建表的同时会加载数据。而当删除外部表的时候，只会删除这个链接和对应的元信息，实际的数据不会从 HDFS 上删除。

(1) 在本地创建测试数据的文件 students01.txt 和 students02.txt，内容如下。

```
[root@bigdata111 ~]# more students01.txt
1,Tom,23
2,Mary,22
[root@bigdata111 ~]# more students02.txt
3,Mike,24
[root@bigdata111 ~]#
```

(2) 将数据文件上传到 HDFS 的任意目录。

```
hdfs dfs -mkdir /students
hdfs dfs -put students0*.txt /students
```

(3) 在 Hive 中创建外部表。

```
hive> create external table ext_students
(sid int,sname string,age int)
row format delimited fields terminated by ','
location '/students';
```

(4) 执行 SQL 查询语句。

```
hive> select * from ext_students;
```

(5) 执行的结果如图 1-83 所示。

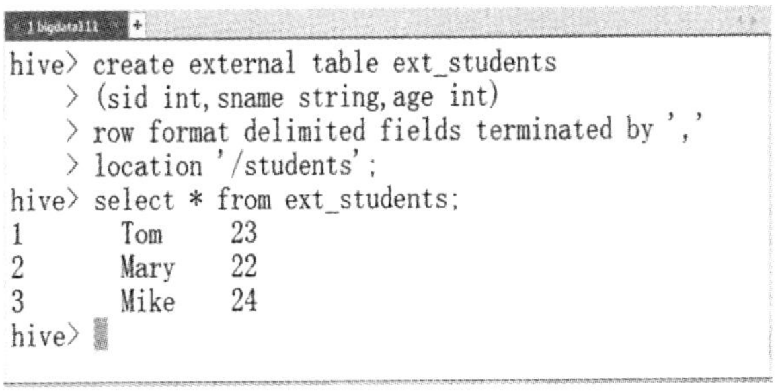

图 1-83　查询外部表

3. Hive 的分区表

Hive 的分区表与 Oracle、MySQL 中分区表的概念是一样的。若表上建立了分区，就会根据分区的条件从物理存储上将表中的数据进行分割存储。而当执行查询语句时，也会根据分区的条件扫描特定分区中的数据，从而避免全表扫描，以提高查询的效率。Hive 分区表中的每个分区都会在 HDFS 上创建一个目录，分区中的数据则是该目录下的文件。在执行查询语句时，可以通过 SQL 的执行计划了解是否在查询的时候扫描特定的分区。

Hive 的分区表具体又可以分为静态分区表和动态分区表。静态分区表需要在插入数据的时候，显式指定分区的条件；而动态分区表则可以根据插入的数据动态建立分区。下面通过具体的示例，演示如何创建 Hive 的分区表。

(1) 创建静态分区表。

```
hive> create table emp_part
(empno int,
ename string,
job string,
mgr int,
hiredate string,
sal int,
comm int)
partitioned by (deptno int)
row format delimited fields terminated by ',';
```

(2) 在向静态分区表中插入数据时，需要指定具体的分区条件。这里使用三条 insert 语句分别从内部表中查询出 10、20 和 30 号部门的员工数据，并插入到分区表中。

```
hive> insert into table emp_part partition(deptno=10)
select empno,ename,job,mgr,hiredate,sal,comm from emp where deptno=10;

hive> insert into table emp_part partition(deptno=20)
select empno,ename,job,mgr,hiredate,sal,comm from emp where deptno=20;

hive> insert into table emp_part partition(deptno=30)
select empno,ename,job,mgr,hiredate,sal,comm from emp where deptno=30;
```

(3) 通过 explain 语句查看 SQL 的执行计划，如查询 10 号部门的员工信息。通过执行计划，可以看出扫描的数据量大小是 118B，如图 1-84 所示。

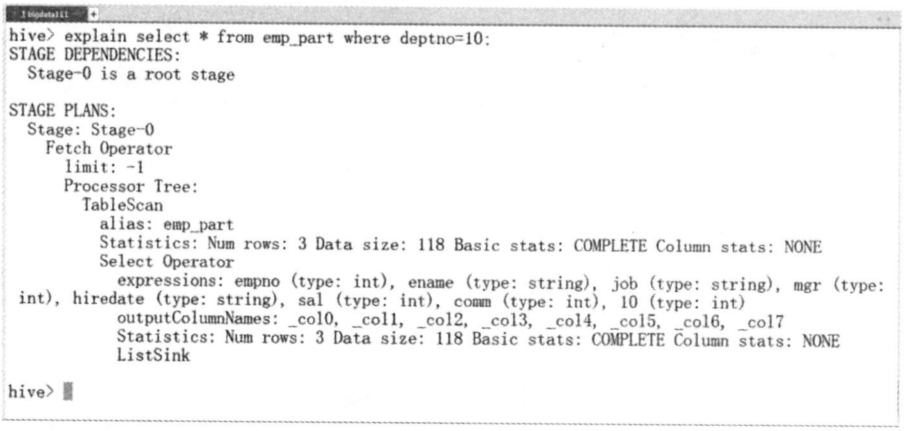

图 1-84　查询分区表的执行计划

(4) 图 1-85 所示为查询普通的内部表的执行计划，可以看到 Data Size 是 6290B。

(5) 创建动态分区表。

需要说明的是，Hive 默认使用最后一个字段作为分区名，需要分区的字段只能放在后面，不能把顺序弄错。向分区表中插入数据时，Hive 是根据查询字段的位置推断分区名的，而不是字段名称。

```
hive>
hive> explain select * from emp where deptno=10;
STAGE DEPENDENCIES:
  Stage-0 is a root stage

STAGE PLANS:
  Stage: Stage-0
    Fetch Operator
      limit: -1
      Processor Tree:
        TableScan
          alias: emp
          Statistics: Num rows: 1 Data size: 6290 Basic stats: COMPLETE Column stats: NONE
          Filter Operator
            predicate: (deptno = 10) (type: boolean)
            Statistics: Num rows: 1 Data size: 6290 Basic stats: COMPLETE Column stats: NONE
            Select Operator
              expressions: empno (type: int), ename (type: string), job (type: string), mgr (type: int
), hiredate (type: string), sal (type: int), comm (type: int), 10 (type: int)
```

图 1-85　查询内部表的执行计划

① 启动动态分区，命令如下。

```
//默认为false，表示不开启动态分区功能
hive> set hive.exec.dynamic.partition =true;

//默认为strict，表示允许所有分区都是动态的
hive> set hive.exec.dynamic.partition.mode = nonstrict;
```

② 实现单字段动态分区。这里根据员工的 job 建立分区，语句如下。

```
hive> create table dynamic_part_emp
        (empno int,ename string,sal int)
          partitioned by (job string);
```

③ 往上面的分区表中插入数据，执行下面的语句。这里将会使用 select 的最后一个字段 job 作为分区的条件，语句如下。

```
hive> insert into table dynamic_part_emp
        select empno,ename,sal,job from emp;
```

④ 实现半自动分区，即部分字段静态分区，注意静态分区字段要放在动态分区字段前面，语句如下。

```
hive> create table dynamic_part_emp1
        (empno int,ename string,sal int)
          partitioned by (deptno int,job string);
```

⑤ 往上面的分区表中插入数据。由于部门号 deptno 采用静态分区，因此需要在插入数据的时候指定分区的条件；而这里的 job 采用的是动态分区，语句如下。

```
hive> insert into table dynamic_part_emp1 partition(deptno=10,job)
        select empno,ename,sal,job from emp where deptno=10;
```

⑥ 多字段全动态分区，创建语句如下。

```
hive> create table dynamic_part_emp2
        (empno int,ename string,sal int)
          partitioned by (deptno int,job string);
```

⑦ 往上面的分区表中插入数据，这里会根据 deptno 和 job 两个字段来创建动态分区，语句如下。

```
hive> insert into table dynamic_part_emp2
      select empno,ename,sal,deptno,job from emp;
```

4. Hive 的临时表

Hive 支持临时表,临时表的元信息和数据只存在于当前会话中。当前会话退出后,Hive 会自动删除临时表的元信息,并删除表中的数据。

(1) 创建一张临时表,表结构与内部表 emp 一致。

```
hive> create temporary table emp_temp
(empno int,
ename string,
job string,
mgr int,
hiredate string,
sal int,
comm int,
deptno int);
```

(2) 往临时表中插入数据。

```
hive> insert into emp_temp select * from emp;
```

(3) 查看当前数据库中的表,语句如下。

```
hive> show tables;
```

(4) 退出当前会话,并重新登录 Hive 的命令行客户端,再次查看数据库中的表,如图 1-86 所示。

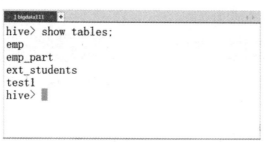

图 1-86　查看 Hive 中的表

5. Hive 的桶表

桶表的本质其实是 Hash 分区。这里先对 Hash 分区做一个简单的介绍。它是根据数据的 Hash 值进行分区,如果 Hash 值一样,那么对应的数据就会放入同一个分区中,如图 1-87 所示。

如图 1-87 所示有 1 到 8 的数据需要保存。这里建立 4 个桶,即 4 个分区。根据桶表的思想或者说是 Hash 分区的思想,我们可以选择一个 Hash 函数来对数据进行计算。比较简单的 Hash 函数,如求余数。如果求出的余数相同,对应的数据将会被保存到同一个 Hash 分区中,即保存到同一个桶中。

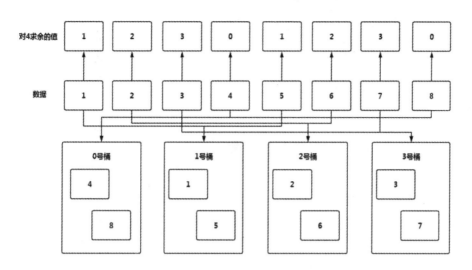

图 1-87 Hash 分区的思想

Hive 的桶表也是根据分桶的条件来建立不同的桶。与分区不同，桶是一个文件，不是目录。而在创建 Hive 桶表的时候，可以指定分桶的字段和数目，如下面的示例。

(1) 创建员工表，指定分隔符，并且根据 job 创建桶表。这里将创建 4 个桶。

```
hive> create table emp_bucket
(empno int,
ename string,
job string,
mgr int,
hiredate string,
sal int,
comm int,
deptno int)
clustered by (job) into 4 buckets
row format delimited fields terminated by ',';
```

(2) 往桶表中插入数据，这里会根据插入数据的 job 字段进行 Hash 运算。

```
hive> insert into table emp_bucket select * from emp;
```

(3) 查看 HDFS 对应的目录，可以看到每一个桶对应一个 HDFS 的文件，如图 1-88 所示。

```
[root@bigdata111 ~]# hdfs dfs -ls /user/hive/warehouse/emp_bucket
Found 4 items
-rw-r--r--   1 root supergroup         44 2021-05-26 11:16 /user/hive/warehouse/emp_bucket/000000_0
-rw-r--r--   1 root supergroup        297 2021-05-26 11:16 /user/hive/warehouse/emp_bucket/000001_0
-rw-r--r--   1 root supergroup        274 2021-05-26 11:16 /user/hive/warehouse/emp_bucket/000002_0
-rw-r--r--   1 root supergroup          0 2021-05-26 11:16 /user/hive/warehouse/emp_bucket/000003_0
[root@bigdata111 ~]#
```

图 1-88 桶表对应的 HDFS 文件

(4) 查看某个文件的内容，可以看到在文件 000001_0 中包含 CLERK 和 MANAGER 两种职位的员工数据，如图 1-89 所示。

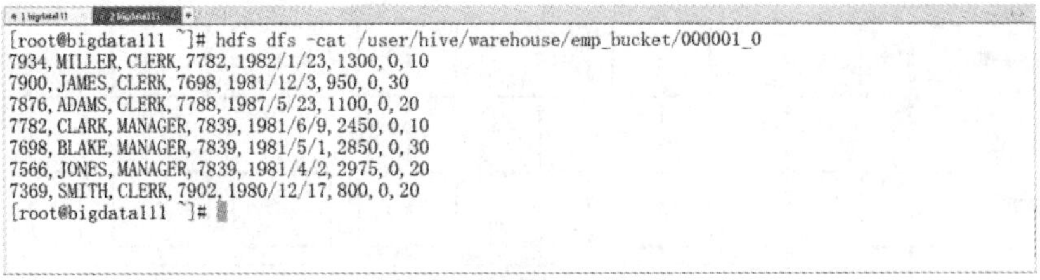

图 1-89 查看桶中的数据

6. Hive 的视图

Hive 也支持视图。视图是一种虚表，它本身不存储数据。一般来讲，从视图中查询数据，最终还是要从依赖的基表中查询数据。视图的本质其实是一个 SELECT 语句，可以跨越多张表，因此建立视图的主要目的是简化复杂的查询。

一般认为视图不能缓存数据，因此不能提高查询的效率。但是通过建立物化视图就能够达到缓存数据的目的，从而提高查询的性能。Hive 从 3.x 开始，支持物化视图。在创建物化视图的时候，物化视图可先执行 SQL 查询，并将结果进行保存。这样在调用物化视图的时候，就可以避免执行 SQL，从而快速地得到结果。所以从这个意义上看，也可以把物化视图理解成是一种缓存机制。

(1) 创建部门表。

```
hive> create table dept
(deptno int,
dname string,
loc string)
row format delimited fields terminated by ',';
```

(2) 加载数据到部门表中。

```
hive> load data local inpath '/root/temp/dept.csv' into table dept;
```

(3) 创建一般视图。

```
hive> create view myview as
select dept.dname,emp.ename
from emp,dept
where emp.deptno=dept.deptno;
```

(4) 创建物化视图。

```
hive> create materialized view myview_mater as
select dept.dname,emp.ename
from emp,dept
where emp.deptno=dept.deptno;
```

(5) 检查一下 yarn 的 Web Console，可以看到，创建的物化视图其实本质上执行的是一个 MapReduce 任务，如图 1-90 所示。

(6) 检查一下 MySQL 中的 Hive 元信息，如表的信息等，如图 1-91 所示。

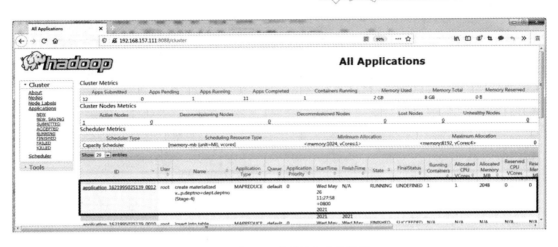

图 1-90　在 yarn 中监控任务的执行

```
mysql> select TBL_NAME,TBL_TYPE from TBLS;
+--------------+--------------------+
| TBL_NAME     | TBL_TYPE           |
+--------------+--------------------+
| test1        | MANAGED_TABLE      |
| emp          | MANAGED_TABLE      |
| ext_students | EXTERNAL_TABLE     |
| emp_part     | MANAGED_TABLE      |
| emp_bucket   | MANAGED_TABLE      |
| dept         | MANAGED_TABLE      |
| myview       | VIRTUAL_VIEW       |
| myview_mater | MATERIALIZED_VIEW  |
+--------------+--------------------+
8 rows in set (0.01 sec)

mysql>
```

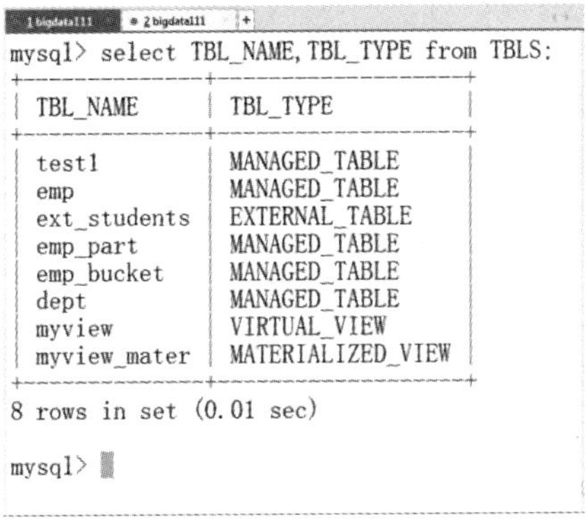

图 1-91　查看 Hive 的元信息

四、Hive 的内置函数

由于 Hive 支持标准的 SQL 语句，因此 Hive 也提供了类似 MySQL 和 Oracle 的内置函数，方便开发人员或者数据分析人员来调用。这些内置函数主要分为字符函数、解析函数、数值函数、日期函数、条件函数和开窗函数。

1. 字符函数

顾名思义，这类函数操作的数据是字符串类型的数据。表 1-6 列举了一些比较常见的字符函数。

表 1-6　常见的字符函数

字符函数	说　明	示　例
length	字符串长度函数	求员工姓名的长度 select length(ename) from emp;
concat	字符串连接函数	将员工姓名和职位拼接成一个字符串 select concat(ename,job) from emp;

字符函数	说　明	示　例
substr substring	字符串截取函数	从员工姓名的第二个字符开始，截取 3 个字符 select substr(ename,2,3) from emp;
upper ucase	字符串转大写函数	select upper(ename) from emp;
lower lcase	字符串转小写函数	select lower(ename) from emp;
trim	去空格函数	select trim(ename) from emp;
ltrim	左边去空格函数	select ltrim(ename) from emp;
rtrim	右边去空格函数	select rtrim(ename) from emp;
regexp_replace	正则表达式替换函数	语法：regexp_replace(string A, string B, string C) 说明：将字符串 A 中的符合 Java 正则表达式 B 的部分替换为 C 示例：select regexp_replace('h234ney', '\\d+', 'o'); 返回值：honey

regexp_extract	正则表达式提取函数	语法：regexp_extract(string A, string pattern, int index)
		说明：将字符串 A 按照 pattern 正则表达式的规则拆分，返回 index 指定的字符，index 从 1 开始计算。如果 index 是 0，则返回整个字符串
		示例 1：
		select regexp_extract('honeymoon', 'hon(.*?)(moon)', 0);
		返回值：honeymoon
		示例 2
		select regexp_extract('honeymoon', 'hon(.*?)(moon)', 1);
		返回值：ey
		示例 3
		select regexp_extract('honeymoon', 'hon(.*?)(moon)', 2);
		返回值：moon

2. URL 解析函数与 JSON 解析函数

1) URL 解析函数：parse_url

通过 parse_url 函数能够对一个网站的 URL 进行解析，从而获取指定部分的内容。该函数支持以下参数。

(1) protocol：协议，一般不需要解析。

(2) hostname：主机名，一般不需要解析。

(3) path：URL 地址的路径。由零或多个"/"符号隔开的字符串，一般表示一个目录或文件地址，不需要解析。

(4) query：URL 的查询参数。URL 地址中可有多个参数，用"&"符号隔开，每个参数的名和值用"="符号隔开。

下面通过具体的示例演示 parse_url 函数的使用方法。

```
hive>select
parse_url('https://www.baidu.com/itdyb/p/6236953.html?name=Tom',
'PROTOCOL');
返回：https

hive>select
parse_url('https://www.baidu.com/itdyb/p/6236953.html?name=Tom', 'HOST');
返回：www.baidu.com

hive>select
parse_url('https://www.baidu.com/itdyb/p/6236953.html?name=Tom', 'PATH');
返回：/itdyb/p/6236953.html

hive>select
parse_url('https://www.baidu.com/itdyb/p/6236953.html?name=Tom&age=24',
'QUERY');
返回：name=Tom&age=24
```

2) JSON 解析函数：get_json_object

通过使用 get_json_object 函数能够对 JSON 格式的数据进行解析，下面是具体的示例语句。

(1) 创建一张表，并插入一条 JSON 格式的数据。

```
hive> create table testjson(jsonstr string);
hive> insert into testjson values(
     '{"store":{"fruit":[{"weight":8,"type":"apple"},
                {"weight":9,"type":"pear"}],
            "bicycle":{"price":19.95,"color":"red"}},
            "email":"amy@only_for_json_udf_test.net",
            "owner":"amy" }');
```

(2) 解析单层值。

```
hive> select get_json_object(jsonstr, '$.owner') from testjson;
返回：amy
```

(3) 解析多层值。

```
hive> select get_json_object(jsonstr,'$.store.bicycle.price')
from testjson;
返回：19.95
```

(4) 解析数组值。

```
hive> select get_json_object(jsonstr, '$.store.fruit[0]')
from testjson;
返回：{"weight":8,"type":"apple"}
```

3. 数值函数

与字符函数类似，使用数值函数可以对数字进行计算和处理。下面通过 round 函数和

trunc 函数来演示它们的用法。

(1) 四舍五入函数：round。

```
hive>select
round(45.926,2) ,round(45.926,1) ,round(45.926,0),round(45.926,-1) ,round(
45.926,-2);

返回: 45.93  45.9    46  50  0
```

(2) 截断函数：trunc。

```
hive>select
trunc(45.926,2) ,trunc(45.926,1) ,trunc(45.926,0),trunc(45.926,-1) ,trunc(
45.926,-2);

返回: 45.92  45.9    45  40  0
```

4. 日期函数

表 1-7 列举了一些常见的 Hive 日期函数及其用法。

表 1-7　常见的 Hive 日期函数及其用法

日期函数	说　明	示　例
from_unixtime	UNIX 时间戳转日期函数	select from_unixtime(1565858389,'yyyy-MM-dd HH:mm:ss'); 返回: 2019-08-15 08:39:49
unix_timestamp	获取当前 UNIX 时间戳函数	select unix_timestamp(); 返回: 1622006565
datediff	日期比较函数	select datediff('2016-12-30','2016-12-29'); 返回: 1
date_add	日期增加函数	select date_add('2016-12-29',10); 返回: 2017-01-08
date_sub	日期减少函数	select date_sub('2016-12-29',10); 返回: 2016-12-19
to_date	字符串转日期函数	select to_date('2021-05-25'); 返回: 2021-05-25
year	日期转年函数	select year('2021-05-25'); 返回: 2021
month	日期转月函数	select month('2021-05-25'); 返回: 5
day	日期转天函数	select day('2021-05-25'); 返回: 25
hour	日期转小时函数	select hour('2021-05-25 14:32:12'); 返回: 14

续表

日期函数	说　明	示　例
minute	日期转分钟函数	select minute('2021-05-25 14:32:12'); 返回：32
second	日期转秒函数	select second('2021-05-25 14:32:12'); 返回：12
weekofyear	日期转周函数	select weekofyear('2021-05-25 14:32:12'); 返回：21

5. 条件函数

条件函数的本质是一个 if...else 语句。在 SQL 中可以通过 case...when...语句来实现，它的语法格式如下。

```
case 表达式  when  条件 1  then  返回值 1
             when  条件 2  then  返回值 2
             when  条件 3  then  返回值 3
             when  ...     then  ...
             else  默认值
end
```

下面通过一个具体的例子来说明它的用法。

```
# 根据员工的职位涨工资：总裁涨 1000，经理涨 800，员工涨 400
# 要求显示：员工姓名、职位、涨前薪资和涨后薪资
hive> select ename,job,sal,
        case job when 'PRESIDENT' then sal + 1000
                 when 'MANAGER' then sal+800
                 else sal+400
        end
from emp;
```

图 1-92 所示为程序运行的结果，其中最后一列就是涨后的薪资。

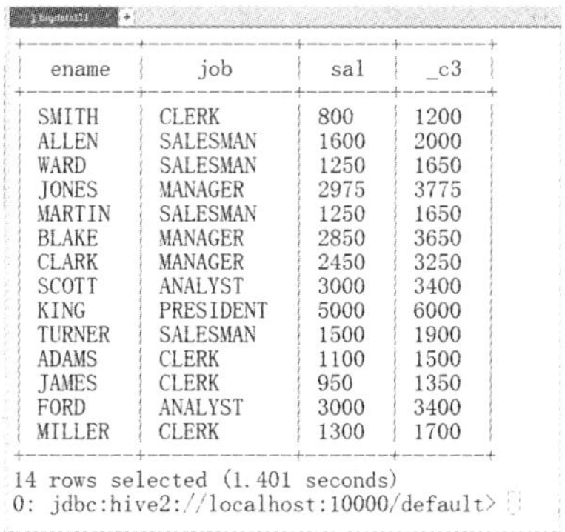

ename	job	sal	_c3
SMITH	CLERK	800	1200
ALLEN	SALESMAN	1600	2000
WARD	SALESMAN	1250	1650
JONES	MANAGER	2975	3775
MARTIN	SALESMAN	1250	1650
BLAKE	MANAGER	2850	3650
CLARK	MANAGER	2450	3250
SCOTT	ANALYST	3000	3400
KING	PRESIDENT	5000	6000
TURNER	SALESMAN	1500	1900
ADAMS	CLERK	1100	1500
JAMES	CLERK	950	1350
FORD	ANALYST	3000	3400
MILLER	CLERK	1300	1700

14 rows selected (1.401 seconds)
0: jdbc:hive2://localhost:10000/default>

图 1-92　员工的薪资

6. 开窗函数

开窗函数用于计算基于组的某种聚合值，它和聚合函数的不同之处是对于每个组返回

多行，而聚合函数对于每个组只返回一行。下面是开窗函数 over 的语法格式。

```
over(ROWS | RANGE) BETWEEN(UNBOUNDED| [num])PRECEDING AND ([num]
PRECEDING|CURRENT ROW|(UNBOUNDED| [num]) FOLLOWING)

over(ROWS | RANGE) BETWEEN CURRENT ROW AND (CURRENT ROW | (UNBOUNDED|[num])
FOLLOWING)

over(ROWS | RANGE) BETWEEN [num] FOLLOWING AND (UNBOUNDED|[num]) FOLLOWING
```

其中一些参数的含义如下。

UNBOUNDED：不受控制的，无限的。

PRECEDING：在...之前。

FOLLOWING：在...之后。

例如：

UNBOUNDED PRECEDING：表示分组后的第一行。

UNBOUNDED FOLLOWING：表示分组后的最后行。

CURRENT ROW：表示分组后的当前行。

UNBOUNDED PRECEDING and UNBOUNDED FOLLOWING：针对当前所有记录的前一条、后一条记录，也就是表中的所有记录。

在了解了开窗函数 over 的语法格式后，下面通过一个具体的例子来演示它的用法。除了可以在 Hive 中使用 over 函数以外，在很多关系型数据库中也支持开窗函数 over，如 Oracle 数据库。

(1) 对各部门进行分组，并附带显示第一行至当前行的薪资汇总。

```
SELECT
EMPNO,ENAME, DEPTNO,SAL,
    --注意ROWS BETWEEN unbounded preceding AND current row  是指第一行至当前行
的汇总
SUM(SAL)
OVER(PARTITION BY DEPTNO
        ORDER BY SAL
        ROWS BETWEEN UNBOUNDED PRECEDING AND CURRENT ROW) max_sal
FROM EMP;
```

(2) SQL 执行的结果如图 1-93 所示。

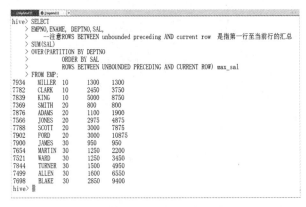

图 1-93 开窗函数执行的结果

五、Hive 的自定义函数

Hive 除了提供内置的函数外，也可以通过开发 Java 程序实现自定义函数，从而满足一些特定业务的需要。Hive 的自定义函数主要分为以下 3 种。

(1) 用户自定义函数：User-Defined Function，简称 UDF。这类函数作用于单个数据行，并且产生一个数据行作为输出。

(2) 用户自定义表生成函数：User-Defined Table-Generating Function，简称 UDTF。这类函数作用于单个数据行，并且产生多个输出数据。可以把输出的多行数据理解为一张表。

(3) 用户定义聚集函数：User-Defined Aggregate Function，简称 UDAF。这类函数接收多个输入数据行，并产生一个输出数据行。

【提示】

开发 Hive 的自定义函数程序，需要将 Hive 安装目录下 lib 目录中的 jar 文件包含在开发工程中。

1. 用户自定义函数

开发 UDF 函数需要继承 UDF 的父类，并重写 evaluate 函数。下面通过两个具体的例子来演示如何开发 UDF 函数。

(1) 开发一个自定义函数完成两个字符串的拼加，代码如下。

```
package udf;

import org.apache.hadoop.hive.ql.exec.UDF;

public class MyConcatString extends UDF {

    public String evaluate(String a,String b) {
        return a + "********" +b;
    }
}
```

(2) 开发一个自定义函数，实现根据员工薪资来判断薪资的级别，代码如下。

```
package udf;

import org.apache.hadoop.hive.ql.exec.UDF;

public class CheckSalaryGrade extends UDF{

    public String evaluate(String salary) {
        int sal = Integer.parseInt(salary);

        //根据薪资的范围，判断薪资的级别
        if(sal<1000)
            return "Grade A";
        else if(sal>=1000 && sal<3000)
            return "Grade B";
        else
```

```
            return "Grade C";
    }
}
```

(3) 将代码打包为 jar 包，并加入 Hive 的运行环境中。

```
hive> add jar /root/jars/myudf.jar;
```

(4) 为自定义函数创建别名。

```
hive> create temporary function myconcat as 'udf.MyConcatString';
hive> create temporary function checksal as 'udf.CheckSalaryGrade';
```

(5) 通过 Hive SQL 调用自定义 myconcat 函数，输出结果如图 1-94 所示。

```
hive> select myconcat(ename,job) from emp;
```

```
hive> select myconcat(ename, job) from emp;
SMITH*******CLERK
ALLEN*******SALESMAN
WARD*******SALESMAN
JONES*******MANAGER
MARTIN*******SALESMAN
BLAKE*******MANAGER
CLARK*******MANAGER
SCOTT*******ANALYST
KING*******PRESIDENT
TURNER*******SALESMAN
ADAMS*******CLERK
JAMES*******CLERK
FORD*******ANALYST
MILLER*******CLERK
hive>
```

图 1-94　调用自定义函数 myconcat

(6) 通过 Hive SQL 调用自定义 checksal 函数，输出结果如图 1-95 所示。

```
hive> select ename,sal,checksal(sal) from emp;
```

```
hive> select ename, sal, checksal(sal) from emp;
SMITH   800     Grade A
ALLEN   1600    Grade B
WARD    1250    Grade B
JONES   2975    Grade B
MARTIN  1250    Grade B
BLAKE   2850    Grade B
CLARK   2450    Grade B
SCOTT   3000    Grade C
KING    5000    Grade C
TURNER  1500    Grade B
ADAMS   1100    Grade B
JAMES   950     Grade A
FORD    3000    Grade C
MILLER  1300    Grade B
hive>
```

图 1-95　调用自定义函数 checksal

2. 用户自定义表生成函数

用户自定义表生成函数，表生成函数接收 0 个或多个输入然后产生多列或多行输出，即输出一张表。例如，在 Hive 中创建一张 testdata 表，表的结构和数据如图 1-96、图 1-97

所示。

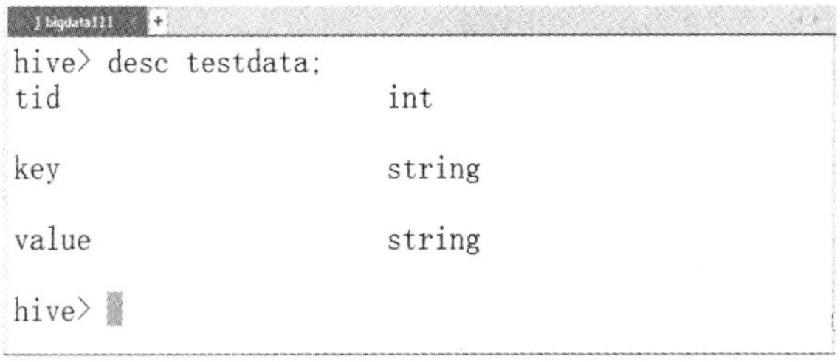

图 1-96 Hive 的表结构

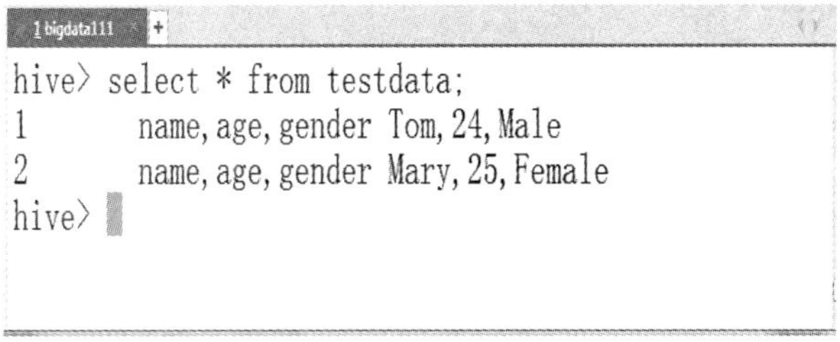

图 1-97 表中的数据

(1) 开发一个表生成函数，根据 testdata 的数据来创建一张表。代码如下。

```java
package udtf;

import java.util.List;
import org.apache.hadoop.hive.ql.exec.UDFArgumentException;
import org.apache.hadoop.hive.ql.metadata.HiveException;
import org.apache.hadoop.hive.ql.udf.generic.GenericUDTF;
import org.apache.hadoop.hive.serde2.objectinspector.ObjectInspector;
import org.apache.hadoop.hive.serde2.objectinspector.ObjectInspectorFactory;
import org.apache.hadoop.hive.serde2.objectinspector.StructObjectInspector;
import org.apache.hadoop.hive.serde2.objectinspector.primitive.
PrimitiveObjectInspectorFactory;
import jersey.repackaged.com.google.common.collect.Lists;

public class MyUDTF extends GenericUDTF {

    @Override
    public StructObjectInspector initialize(StructObjectInspector arg0)
    throws UDFArgumentException {
        //初始化表，返回表的结构
        //列的名字
        List<String> columnNames = Lists.newLinkedList();
        columnNames.add("id");
        columnNames.add("key");
        columnNames.add("value");

        //列的类型
        List<ObjectInspector> columnTypes = Lists.newLinkedList();
        columnTypes.add(PrimitiveObjectInspectorFactory.
javaStringObjectInspector);
```

```
        columnTypes.add(PrimitiveObjectInspectorFactory.
javaStringObjectInspector);
        columnTypes.add(PrimitiveObjectInspectorFactory.
javaStringObjectInspector);

        return ObjectInspectorFactory
            .getStandardStructObjectInspector(columnNames, columnTypes);
    }

    @Override
    public void process(Object[] args) throws HiveException {
        if(args.length != 3) {
            return;
        }

        //得到每一个 key
        String[] keyList = args[1].toString().split(",");

        //得到对应的 value
        String[] valueList = args[2].toString().split(",");

        for(int i=0;i<keyList.length;i++) {
            String[] obj = {args[0].toString(),keyList[i],valueList[i]};

            forward(obj);
        }
    }

    @Override
    public void close() throws HiveException {
    }
}
```

(2) 将程序打包，加入 Hive 的运行环境，并为其创建一个别名。

```
hive> add jar /root/jars/myudtf.jar;
hive> create temporary function to_table as 'udtf.MyUDTF';
```

(3) 执行下面的 SQL 语句。

```
hive> select to_table(tid,key,value) from testdata;
```

(4) 输出的结果如图 1-98 所示。可以看到，to_table 函数将 testdata 表中的每一行处理后，返回了三行记录，最终得到的结果可以看成一张表。

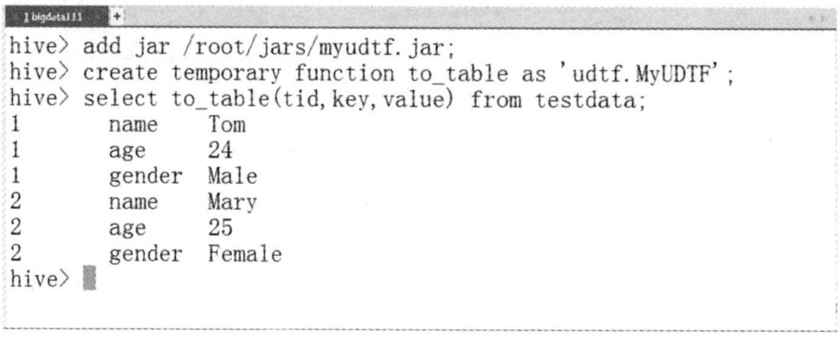

图 1-98 自定义表的数据

六、Hive 的 JDBC 客户端

Hive 是基于 HDFS 之上的数据仓库，支持标准的 SQL。从使用的角度看，Hive 的使用方式与 MySQL 数据库非常相似。因此，Hive 也支持标准的 JDBC 连接，这样操作起来就会很方便。

要开发 Hive 的 JDBC 程序，需要将$HIVE_HOME/jdbc 目录下面的 jar 文件包含到项目工程中。

下面通过具体的代码说明如何使用 JDBC 程序访问 Hive。

(1) 修改 Hadoop 的 core-site.xml 文件，添加下面的参数并重启 Hadoop。

```
<property>
  <name>hadoop.proxyuser.root.hosts</name>
  <value>*</value>
</property>
<property>
  <name>hadoop.proxyuser.root.groups</name>
  <value>*</value>
</property>
```

(2) 启动 HiveServer2。

```
hiveserver2
```

(3) 创建一个工具类，用于获取 Hive Connection 和释放 JDBC 资源。

```
import java.sql.Connection;
import java.sql.DriverManager;
import java.sql.ResultSet;
import java.sql.SQLException;
import java.sql.Statement;

//工具类：1.获取连接   2.释放资源
public class JDBCUtils {
    private static String url = "jdbc:hive2://192.168.157.111:10000/default";

    //注册数据库的驱动
    static {
        try {
            Class.forName("org.apache.hive.jdbc.HiveDriver");
        } catch (ClassNotFoundException e) {
            e.printStackTrace();
        }
    }

    public static Connection getConnection() {
        try {
            return DriverManager.getConnection(url);
        } catch (SQLException e) {
            e.printStackTrace();
        }
        return null;
    }
```

```
public static void release(Connection conn,Statement st,ResultSet rs) {
    if(rs != null) {
        try {
            rs.close();
        } catch (SQLException e) {
            e.printStackTrace();
        }finally {
            rs = null;
        }
    }
    if(st != null) {
        try {
            st.close();
        } catch (SQLException e) {
            e.printStackTrace();
        }finally {
            st = null;
        }
    }
    if(conn != null) {
        try {
            conn.close();
        } catch (SQLException e) {
            e.printStackTrace();
        }finally {
            conn = null;
        }
    }
}
```

(4) 开发 JDBC 程序执行 SQL。

```
import java.sql.Connection;
import java.sql.ResultSet;
import java.sql.Statement;

public class TestMain {
    public static void main(String[] args) {
        Connection conn = null;
        Statement st = null;
        ResultSet rs = null;

        try {
            //获取连接
            conn = JDBCUtils.getConnection();

            //创建 SQL 的执行环境
            st = conn.createStatement();

            //执行 SQL
            rs = st.executeQuery("select * from emp");
            while(rs.next()) {
                String ename = rs.getString("ename");
                double sal = rs.getDouble("sal");
                System.out.println(ename+"\t"+sal);
```

```
            }
        }catch(Exception ex) {
            ex.printStackTrace();
        }finally {
            //释放资源
            JDBCUtils.release(conn, st, rs);
        }
    }
}
```

(5) JDBC 程序运行的结果如图 1-99 所示。

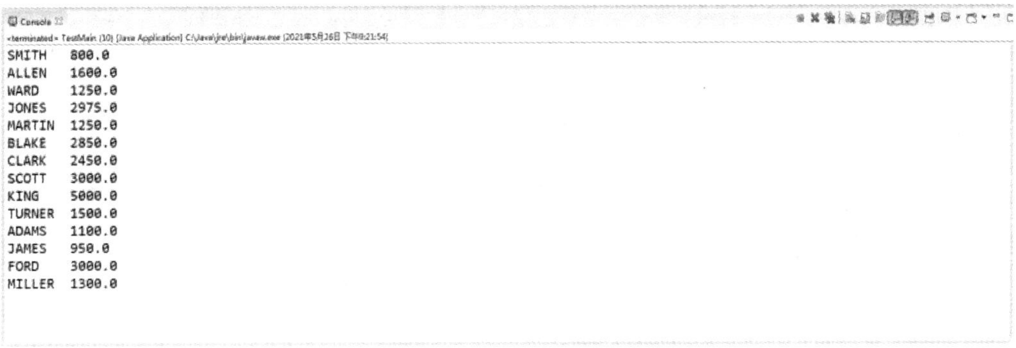

图 1-99　在 Eclipse 中执行 JDBC 程序的结果

【任务实施】

在掌握了 Hive 的体系架构与数据模型后,下面将使用 Hive 查询分析企业人力资源数据。以下是具体的操作步骤。

(1) 进入 Hive 的命令行工具。

```
hive -S
```

(2) 创建 Hive 的内部表。

```
hive> create table employees(
employee_id     int,
first_name      string,
last_name       string,
email           string,
phone_number    string,
hire_date       string,
job_id          string,
salary          float,
commission_pct  float,
manager_id      int,
department_id   int
)
row format delimited fields terminated by ',';
```

(3) 将 HDFS 的 hr 目录下的企业人力资源数据导入 Hive 的 employees 表中。

```
hive> load data inpath '/hr/employees.csv' into table employees;
```

(4) 执行 SQL 语句查询每个部门的人数、最高工资、最低工资和平均工资。

```
hive> select department_id,count(*),max(salary),min(salary),avg(salary)
from employees group by department_id;
```

输出的结果如图 1-100 所示。

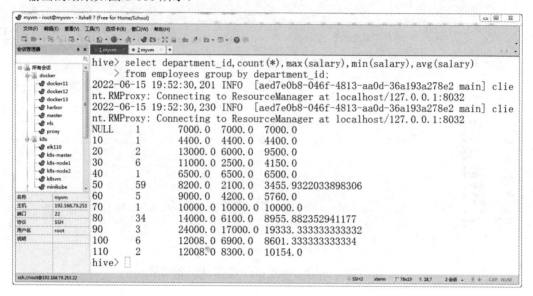

图 1-100　统计员工的工资

【任务检查与评价】

完成任务实施后,进行任务检查与评价,具体的检查评价内容如表 1-8 所示。

表 1-8　任务检查评价表

项目名称	企业人力资源员工数据的离线分析			
任务名称	准备项目数据与环境			
评价方式	可采用自评、互评、教师评价等方式			
说明	主要评价学生在项目学习过程中的操作技能、理论知识、学习态度、课堂表现、学习能力等			
评价内容与评价标准				
序号	评价内容	评价标准	分值	得分
1	知识运用 (20%)	掌握相关理论知识,理解本次任务要求,制订详细计划,计划条理清晰,逻辑正确(20 分)	20 分	
		理解相关理论知识,能根据本次任务要求制订合理计划(15 分)		
		了解相关理论知识,有制订计划(10 分)		
		无制订计划(0 分)		

续表

序号	评价内容	评价标准	分值	得分
2	专业技能 (40%)	结果验证全部满足(40 分)	40 分	
		结果验证只有一个功能不能实现，其他功能全部实现(30 分)		
		结果验证只有一个功能实现，其他功能全部没有实现(20 分)		
		结果验证功能均未实现(0 分)		
3	核心素养 (20%)	具有良好的自主学习能力和分析解决问题的能力，整个任务过程中有指导他人(20 分)	20 分	
		具有较好的学习能力和分析解决问题的能力，任务过程中无指导他人(15 分)		
		能够主动学习并收集信息，有请教他人进行解决问题的能力(10 分)		
		不主动学习(0 分)		
4	课堂纪律 (20%)	设备无损坏，无干扰课堂秩序(20 分)	20 分	
		无干扰课堂秩序(10 分)		
		干扰课堂秩序(0 分)		

【任务小结】

在本次任务中，学生需要使用 Hive SQL 完成对员工数据的分析处理工作。通过该任务，学生可以了解 Hive 的执行过程，并使用 SQL 语言查询数据。

本任务的思维导图如图 1-101 所示。

图 1-101　任务三思维导图

【任务拓展】

基于本项目的业务场景和原始数据，请尝试实现以下功能：使用 Hive SQL 分析启用员工数据。

(1) 创建 Hive 的外部表。

```
hive> create external table employees
(empno int,
ename string,
sal float,
deptno int)
```

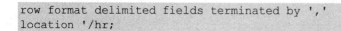

```
row format delimited fields terminated by ','
location '/hr';
```

(2) 执行 SQL 语句查询每个部门的人数、最高工资、最低工资和平均工资。

```
hive> select deptno,count(*),max(sal),min(sal),avg(sal)
from employees group by deptno;
```

输出的结果如下。

部门号	人数	最高工资	最低工资	平均工资
0	1	7000.0	7000.0	7000.0
10	1	4400.0	4400.0	4400.0
20	2	13000.0	6000.0	9500.0
30	6	11000.0	2500.0	4150.0
40	1	6500.0	6500.0	6500.0
50	45	8200.0	2100.0	3475.5555555555557
60	5	9000.0	4200.0	5760.0
70	1	10000.0	10000.0	10000.0
80	34	14000.0	6100.0	8955.882352941177
90	3	24000.0	17000.0	19333.333333333332
100	6	12008.0	6900.0	8601.333333333334
110	2	12008.0	8300.0	10154.0

任务四　使用 Presto 查询数据

【职业能力目标】

由于 Hive 默认的执行引擎是 MapReduce，因此 Hive SQL 在执行过程中的效率比较低。而将 Presto 与 Hive 进行集成，利用 Presto 的内存计算可以大幅提高处理数据的效率。

使用 Presto 对存储在 Hive 中的企业人力资源员工数据进行分析，并找到需要的数据信息。

【任务描述与要求】

● 部署 Presto 环境。
● 使用 Presto 完成企业人力资源数据的离线分析。

为了得到需要的数据，可以采用大数据离线计算引擎对清洗干净的数据进行分析和处理，由于数据是结构化数据，也可以使用 SQL 语句进行分析处理。基于企业的员工数据分析得到每个部门的人数、最高工资、最低工资和平均工资。

【知识储备】

一、Presto 基础知识

Hive 与 Pig 都是以 Hadoop MapReduce 作为其底层的执行引擎，它们主要面向批处理的离线计算场景。随着数据越来越多，即使执行一个简单的查询，Hive 和 Pig 都可能要花费很长的时间。这显然不能满足交互式查询的要求。本章将介绍另一个分布式 SQL 查询引擎 Presto，它专为进行高速实时的数据分析而设计。通过 Presto 可以集成 Hive，可以直接使用 Presto 来处理 Hive 中的数据。

1. Presto 简介

Presto 是一个开源的分布式 SQL 查询引擎。由于 Presto 的计算都是基于内存的，所以非常适用于交互式分析查询。又由于采用了分布式的架构，因此支持海量数据的分析和处理。Presto 支持在线的实时数据查询，并且通过 Presto Connector 可以将不同数据源的数据进行合并，实现跨数据源的分析和处理。

FaceBook 将 Presto 用于多个内部数据源存储之间的交互式查询，一些领先的互联网公司包括 Airbnb 和 Dropbox 都在使用 Presto。而在国内的一些互联网企业中，如京东在其内部的大数据平台上也使用 Presto 实现数据的高速查询和分析。图 1-102 所示为京东大数据平台(Bigdata Platform，BDP)的架构。从图 1-102 中可以看出，在大数据平台的查询引擎中，京东使用了 Presto 对底层的数据进行分析和处理。

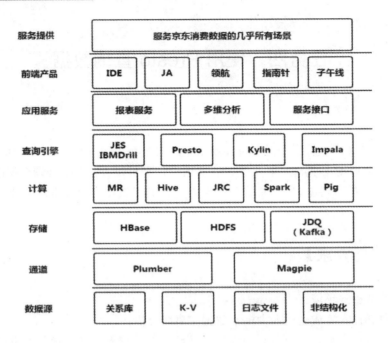

图 1-102　京东大数据平台架构

2. Presto 的体系架构

Presto 是一个分布式集群系统。一个完整的 Presto 集群包含一个 Coordinator 和多个 Worker，由 Presto 的客户端 CLI 命令行将查询提交到 Coordinator，并由 Coordinator 进行解析，生成对应的执行计划，然后分发执行计划到 Worker 执行。Presto 的体系架构如图 1-103 所示。

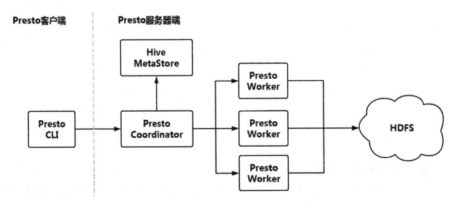

图 1-103　Presto 的体系架构

通常情况下会将 Presto 与 Hive 进行集成，这时需要配置 Presto Connector 访问 Hive 的 MetaStore 服务，从而获取 Hive 的元信息，并由 Worker 节点与 HDFS 交互读取相应的数据信息。

3. Presto 与 Hive

既然 Presto 与 Hive 都支持 SQL 语句，那么二者各有哪些优缺点呢？

(1) 执行效率。Hive 属于 Hadoop 生态圈系统，是一款专用于 Hadoop 的数据仓库工具，其底层的执行引擎是 MapReduce。正是因为如此，Hive 在速度上已不能满足日益增长的数据要求，有时执行一个简单的查询就可能要花费几分钟到几小时；而 Presto 主要是基于内存的方式进行计算，因此 Presto 进行简单的查询只需要几百毫秒，即使执行复杂的查询，也只需数分钟即可完成，整个过程不会将数据写入磁盘。

(2) 执行引擎。Hive 的底层执行引擎是 MapReduce；Presto 的执行引擎并没有采用 MapReduce，Presto 使用一个定制的查询执行引擎响应支持 SQL 语法。该执行引擎对调度算法进行了很大的改进，并且所有的数据处理都是在内存中进行的，因此大幅提高了执行效率。

二、使用 Presto 处理数据

1. 安装部署 Presto

在使用 Presto 处理数据前，需要安装 Presto Server 和 Presto 客户端，这里使用的版本是 presto-server-0.217.tar.gz 和 presto-cli-0.217-executable.jar。同时，通过 Presto Connector 可以与 Hive 集成。

部署 Presto 的具体安装步骤如下。

(1) 解压安装包，命令如下。

```
tar -zxvf presto-server-0.217.tar.gz -C /root/training/
```

(2) 创建 Presto 配置文件目录，命令如下。

```
cd /root/training/presto-server-0.217/
mkdir etc
cd etc
```

(3) 创建节点的配置信息文件 node.properties，并输入下面的配置。

```
#集群名称。所有在同一个集群中的 Presto 节点必须拥有相同的集群名称
node.environment=production

#每个 Presto 节点的唯一标识不能重复
node.id=ffffffff-ffff-ffff-ffff-ffffffffffff

# 数据存储目录的位置。Presto 将会把日期和数据存储在该目录下
node.data-dir=/root/training/presto-server-0.217/data
```

(4) 创建命令行工具的 JVM 配置参数文件 jvm.config，并输入下面的配置。

```
-server
-Xmx16G
-XX:+UseG1GC
-XX:G1HeapRegionSize=32M
-XX:+UseGCOverheadLimit
-XX:+ExplicitGCInvokesConcurrent
-XX:+HeapDumpOnOutOfMemoryError
-XX:+ExitOnOutOfMemoryError
```

(5) 创建 Server 端的配置参数文件 config.properties，并输入下面的配置。

```
coordinator=true
node-scheduler.include-coordinator=true
http-server.http.port=8080
query.max-memory=5GB
query.max-memory-per-node=1GB
query.max-total-memory-per-node=2GB
discovery-server.enabled=true
discovery.uri=http://192.168.157.111:8080
```

【提示】

这里由于在 bigdata111 的单机环境下进行测试，因此同时配置 Coordinator 和 Worker。而在一个真正的分布式集群中，需要分别对 Coordinator 和 Worker 进行配置。

其中参数的说明如表 1-9 所示。

表 1-9　参数说明

参　数	说　明
coordinator	表示 Presto 实例作为 coordinator 还是 worker 运行
node-scheduler.include-coordinator	是否允许在 coordinator 上调度执行任务。在一个大型集群上，如果在 coordinator 上处理数据将会影响性能
http-server.http.port	Presto 使用 HTTP 进行内部和外部的通信，这是通信的端口
query.max-memory	一个队列的最大分布式内存
query.max-memory-per-node	一个节点上，一个队列能使用的最大内存
query.max-total-memory-per-node	一个节点上，一个队列能使用的最大内存和系统内存的总和
discovery-server.enabled	Presto 使用 Discovery service 来发现集群中的所有节点
discovery.uri	Discovery server 的地址

(6) 创建日志参数配置文件 log.properties，并输入下面的配置。

```
com.facebook.presto=INFO
```

(7) 创建 Connectors 的配置参数文件，这里配置与 Hive 集成的 Connector。在 etc 目录下创建 catalog 目录。

```
mkdir catalog
cd catalog
```

(8) 在目录 catalog 中创建 hive.properties 文件，输入下面的内容。

```
#注明 hadoop 的版本
connector.name=hive-hadoop2

#hive-site 中配置的地址
hive.metastore.uri=thrift://192.168.157.111:9083

#hadoop 的配置文件路径
hive.config.resources=/root/training/hadoop-3.1.2/etc/hadoop/core-site.xml
,/root/training/hadoop-3.1.2/etc/hadoop/hdfs-site.xml
```

(9) 重命名 Presto 客户端 jar 包，并增加执行权限。

```
cp presto-cli-0.217-executable.jar presto
chmod a+x presto
```

(10) 启动 Hive MetaStore 服务。

```
hive --service metastore
```

(11) 启动 Presto Server。

```
cd /root/training/presto-server-0.217/
bin/launcher start
```

(12) 通过 Presto 客户端连接 Presto Server，并查看 Hive 中的表，如图 1-104 所示。

```
./presto --server localhost:8080 --catalog hive --schema default
show tables;
```

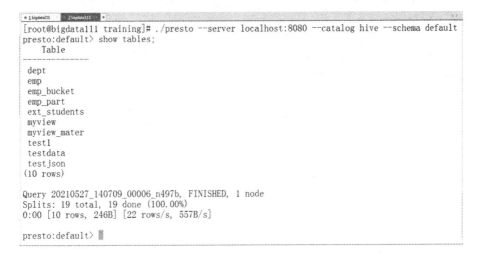

图 1-104　使用 Presto 查看 Hive 的表

(13) 在 Presto 中执行一条简单的 SQL 语句查询 Hive 中的表，如图 1-105 所示。

```
presto> select * from emp where deptno=10;
```

图 1-105　在 Presto 中查询 Hive 的数据

(14) 访问 Presto 的 Web Console，端口是 8080，如图 1-106 所示。在 Web 界面上可以看到刚才执行过的 SQL 语句。

图 1-106　访问 Presto 的 Web 页面

2. Presto 执行查询的过程

图 1-107 所示为在 Presto 中执行查询时，一条查询语句从客户端到服务器端的调度过程。

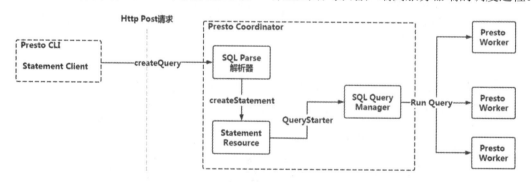

图 1-107　Presto 执行查询的过程

Presto 客户端与 Presto 服务器端采用 HTTP 协议进行通信。当一条查询语句由 Presto CLI 客户端提交后，会由 Http Post 请求提交给服务器端 Coordinator；并由 Coordinator 将查询语句交给 SQL 解析器进行解析，生成相应的 SQL 执行计划，最终得到查询语句的 Statement 对象；将该对象放入 Statement Resource 资源池中。最后由 SQL Query Manager 分配给 Presto Worker 执行。

如果从查询语句执行的角度看，可以通过分析 SQL 的执行计划得到查询语句详细的执行过程。在 Presto 中可以通过 explain 语句查看 SQL 的执行计划。下面是一个简单的示例，得到的执行计划如图 1-108 所示。

```
presto> explain select dept.dname,emp.ename
        from emp,dept
        where emp.deptno=dept.deptno;
```

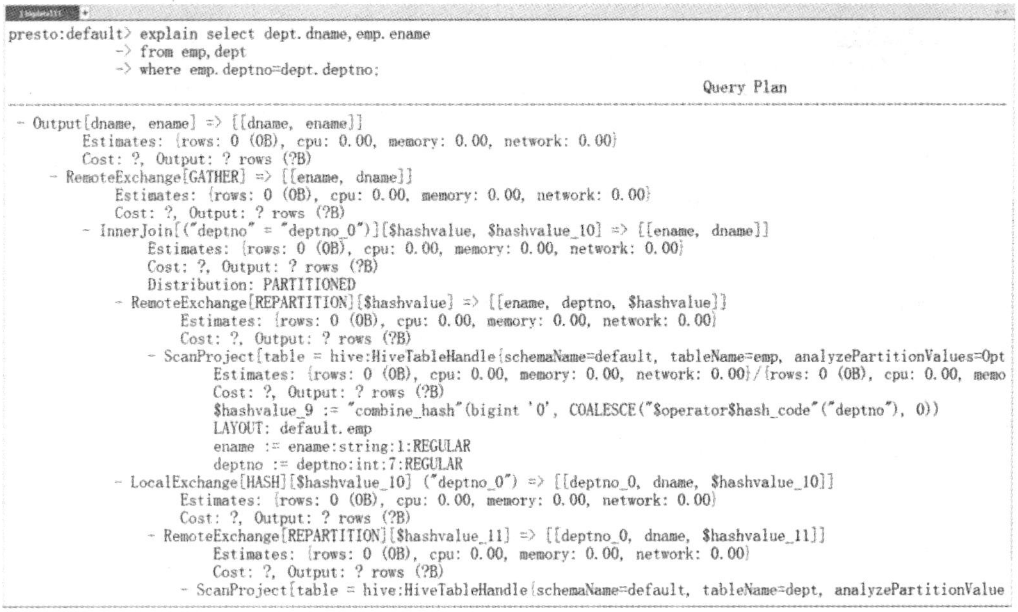

图 1-108　Presto 中 SQL 的执行计划

3. Presto Connector

Presto 通过配置 Connector 可与不同的数据源集成。Presto 除了支持 Hive Connector 外，还支持很多其他类型的 Connector，如 Memory Connector、MySQL Connector、Redis Connector 等。

在 Presto 官方文档(https://prestodb.io/docs/current/connector.html)中有完整的列表说明 Presto Connector 支持的类型。在前面部署的 Presto 环境中，使用 Hive Connector 访问 Hive 中的数据。这里再通过几个示例介绍其他类型的 Connector 的使用方法。

1) Memory Connector

Memory Connector 将数据和元信息存储在 Worker 节点的内存中。如果 Presto 重启，数据和元信息都将丢失。可以通过在/root/training/presto-server-0.217/etc/catalog 目录下创建一个新的文件 memory.properties 来配置 Memory Connector。文件内容如下。

```
connector.name=memory
#在每个节点中为这个连接器分配 128MB 的内存
memory.max-data-per-node=128MB
```

创建好 Memory Connector，就可以通过下面的语句来访问内存中的数据了。启动 Presto 客户端使用 Memory Connector。

```
./presto --server localhost:8080 --catalog memory
```

执行下面的 SQL 语句，输出结果如图 1-109 所示。

```
presto> create table memory.default.student
            (sid int,sname varchar(20),age int);
presto> insert into memory.default.student values(1,'Tom',20);
presto> select * from memory.default.student;
presto> drop table memory.default.student;
```

```
[root@bigdata111 training]# ./presto --server localhost:8080 --catalog memory
presto> create table memory.default.student(sid int,sname varchar(20),age int);
CREATE TABLE
presto> insert into memory.default.student values(1,'Tom',20);
INSERT: 1 row

Query 20210528_141245_00018_dnjia, FINISHED, 1 node
Splits: 35 total, 35 done (100.00%)
0:01 [0 rows, 0B] [0 rows/s, 0B/s]

presto> select * from memory.default.student;
 sid | sname | age
-----+-------+-----
   1 | Tom   |  20
(1 row)

Query 20210528_141251_00019_dnjia, FINISHED, 1 node
Splits: 18 total, 18 done (100.00%)
0:00 [1 rows, 18B] [4 rows/s, 74B/s]

presto> drop table memory.default.student;
DROP TABLE
presto>
```

图 1-109　使用 Memory 连接器

2) MySQL Connector

MySQL Connector 允许我们在 Presto 中访问外部的 MySQL 数据库，也可以连接不同数据源中的表，比如 MySQL 和 Hive；或者是不同的 MySQL 实例。配置 MySQL Connector 的配置文件 mysql.properties，代码如下。

```
connector.name=mysql
connection-url=jdbc:mysql://localhost:3306
connection-user=root
connection-password=Welcome_1
```

重新启动 Presto Server，就可以通过 MySQL Connector 访问 MySQL 中的数据了。这里我们以 Hive 在 MySQL 存储的元信息为例。

(1) 启动 Presto 客户端使用 MySQL Connector。

```
./presto --server localhost:8080 --catalog mysql
```

(2) 查看 MySQL 中的数据库信息。

```
presto> show schemas from mysql;
```

(3) 查看某个 MySQL 数据库中的表。

```
presto> show tables from mysql.hive;
```

(4) 查询 MySQL 表的数据。

```
presto> select * from mysql.hive.columns_v2 limit 10;
```

三、Presto 的 JDBC 客户端

Presto 支持通过标准的 JDBC 程序，推荐使用 Maven 的方式搭建 Java 项目工程。下面
是 Maven 工程的 Dependency 依赖。

```
<dependency>
    <groupId>com.facebook.presto</groupId>
    <artifactId>presto-jdbc</artifactId>
    <version>0.217</version>
</dependency>
```

(1) 开发一个工具类，用于获取 Connection 连接，并释放 JDBC 资源。

```java
import java.sql.Connection;
import java.sql.DriverManager;
import java.sql.ResultSet;
import java.sql.SQLException;
import java.sql.Statement;

//工具类：获取 Connection 连接，并释放资源
public class JDBCUtils {

    private static String url = "jdbc:presto://bigdata111:8080/hive/default";

    public static Connection getConnection() {
        try {
            return DriverManager.getConnection(url,"PRESTOUSER",null);
        } catch (SQLException e) {
            e.printStackTrace();
        }
        return null;
    }

    public static void release(Connection conn,Statement st,ResultSet rs) {
        if(rs != null) {
            try {
                rs.close();
            } catch (SQLException e) {
                e.printStackTrace();
            }finally {
                rs = null;
            }
        }
        if(st != null) {
            try {
                st.close();
            } catch (SQLException e) {
                e.printStackTrace();
            }finally {
                st = null;
```

```
            }
        }
        if(conn != null) {
            try {
                conn.close();
            } catch (SQLException e) {
                e.printStackTrace();
            }finally {
                conn = null;
            }
        }
    }
}
```

(2) 开发主程序,执行 SQL 语句。

```
import java.sql.Connection;
import java.sql.ResultSet;
import java.sql.Statement;

public class TestMain {
    public static void main(String[] args) {
        Connection conn = null;
        Statement st = null;
        ResultSet rs = null;
        try {
            //获取连接
            conn = JDBCUtils.getConnection();

            //创建 SQL 的执行环境
            st = conn.createStatement();

            //执行 SQL
            rs = st.executeQuery("select * from emp");
            while(rs.next()) {
                String ename = rs.getString("ename");
                double sal = rs.getDouble("sal");
                System.out.println(ename+"\t"+sal);
            }
        }catch(Exception ex) {
            ex.printStackTrace();
        }finally {
            //释放资源
            JDBCUtils.release(conn, st, rs);
        }
    }
}
```

(3) JDBC 执行的结果如图 1-110 所示。

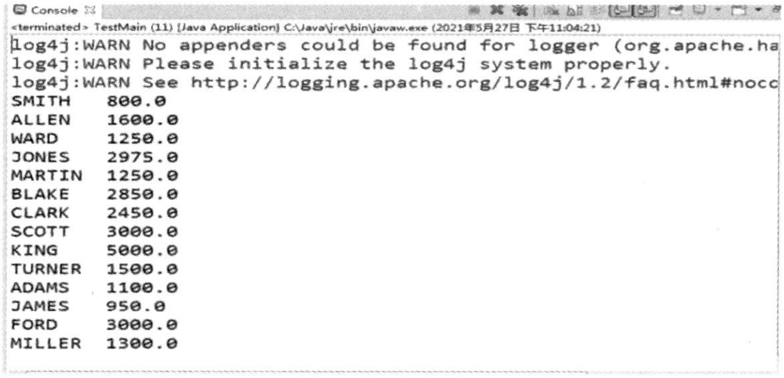

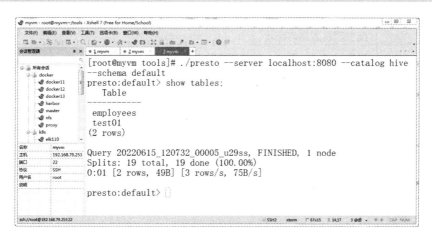

图 1-110　在 Eclipse 中执行 Presto JDBC 程序

【任务实施】

安装部署完成 Presto 后，可以直接通过 Presto 访问 Hive 中的表，并执行查询与分析。

(1) 启动 Presto 的命令行客户端工具，如图 1-111 所示。

```
./presto --server localhost:8080 --catalog hive --schema default
```

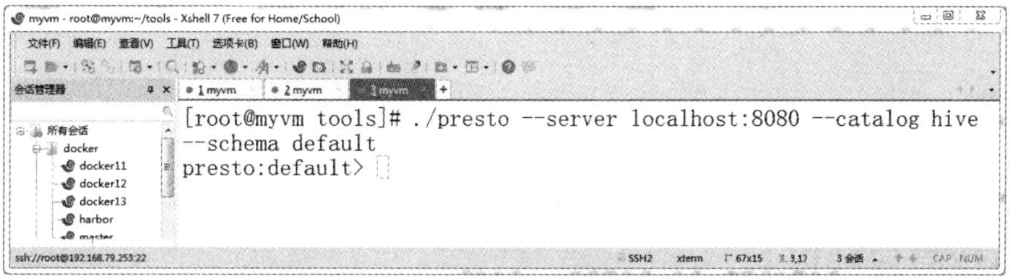

图 1-111　启动 Presto 的命令行客户端

(2) 在 Presto 中查看 Hive 的表，如图 1-112 所示。

```
presto:default> show tables;
```

图 1-112　查看 Hive 的表

(3) 在 Presto 中查询员工数据。

```
presto:default>select department_id,count(*),max(salary),
        -> min(salary),avg(salary)
         -> from employees group by department_id;
```

输出的结果如图 1-113 所示。

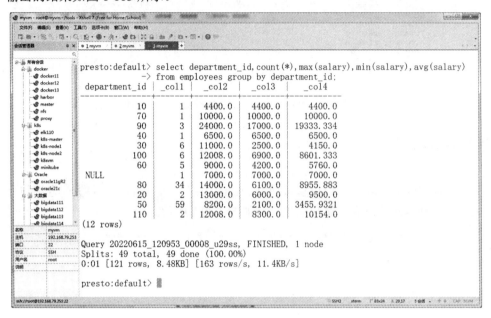

图 1-113　在 Presto 中查询员工数据

【任务检查与评价】

完成任务实施后，进行任务检查与评价，具体的检查评价内容如表 1-10 所示。

表 1-10　任务检查评价表

项目名称	企业人力资源员工数据的离线分析			
任务名称	准备项目数据与环境			
评价方式	可采用自评、互评、教师评价等方式			
说明	主要评价学生在项目学习过程中的操作技能、理论知识、学习态度、课堂表现、学习能力等			
评价内容与评价标准				
序号	评价内容	评价标准	分值	得分
1	知识运用(20%)	掌握相关理论知识，理解本次任务要求，制订详细计划，计划条理清晰，逻辑正确(20 分)	20 分	
		理解相关理论知识，能根据本次任务要求、制订合理计划(15 分)		
		了解相关理论知识，有制订计划(10 分)		
		无制订计划(0 分)		

序号	评价内容	评价标准	分值	得分
2	专业技能(40%)	结果验证全部满足(40 分)	40 分	
		结果验证只有一个功能不能实现，其他功能全部实现(30 分)		
		结果验证只有一个功能实现，其他功能全部没有实现(20 分)		
		结果验证功能均未实现(0 分)		
3	核心素养(20%)	具有良好的自主学习能力和分析解决问题的能力，整个任务过程中有指导他人(20 分)	20 分	
		具有较好的学习能力和分析解决问题的能力，任务过程中无指导他人(15 分)		
		能够主动学习并收集信息,有请教他人进行解决问题的能力(10 分)		
		不主动学习(0 分)		
4	课堂纪律(20%)	设备无损坏，无干扰课堂秩序(20 分)	20 分	
		无干扰课堂秩序(10 分)		
		干扰课堂秩序(0 分)		

【任务小结】

在本次任务中，学生需要安装 Presto 环境与 Hive 集成，并使用 Presto 完成对员工数据的分析处理工作。通过该任务的学习，学生要会部署 Presto 环境；会使用 Presto 完成企业人力资源数据的离线分析。

【任务拓展】

Presto 除了可以使用命令行的方式执行 SQL 语句外，同时支持使用 Java 的 JDBC 程序进行访问。请学生尝试开发 Java 的 JDBC 程序访问 Presto，并执行 SQL 语句查询分析数据。

任务五　使用 DBeaver 进行 Hive 数据的可视化查询

【职业能力目标】

由于 Hive 默认只提供了命令行的方式用于执行 SQL 语句的数据查询,因此在实际使用的场景下,这样的方式并不是很方便。借助数据可视化查询工具可以非常方便地操作 Hive 并执行数据的查询与分析。

【任务描述与要求】

使用 DBeaver 执行 Hive 的数据查询。因此本小节需要学员完成以下任务。
- 安装 DBeaver。
- 配置 DBeaver 与 Hive 的集成。
- 使用 DBeaver 查询 Hive 的数据。

【知识储备】

DBeaver 是一款通用数据库工具,免费、多平台。适用于 SQL 开发人员、数据库管理员和分析师。支持所有流行的数据库,包括 MySQL、PostgreSQL、MariaDB、SQLite、Oracle、DB2、SQL Server、SyBase、MS Access、Teradata、Firebird、Derby 等。除了常用关系型数据库之外,还支持大数据开发(Apache Hive 等)、NoSQL(EE 版 MongoDB 等),可以说是功能很强大了。

【任务实施】

下面通过具体的步骤来演示如何使用 DBeaver。
(1) 登录 DBeaver 的官方网站(https://dbeaver.io/),如图 1-114 所示。
(2) 单击 Download 按钮,进入下载页面,如图 1-115 所示。

【提示】
这里选择下载 DBeaver Community 22.1.0 Windows (zip),该版本不用安装,直接解压就可以使用。

(3) 直接解压 dbeaver-ce-22.1.0-win32.win32.x86_64.zip 文件,并双击 dbeaver.exe 文件启动 DBeaver。启动界面如图 1-116 所示。
(4) DBeaver 的主界面如图 1-117 所示。

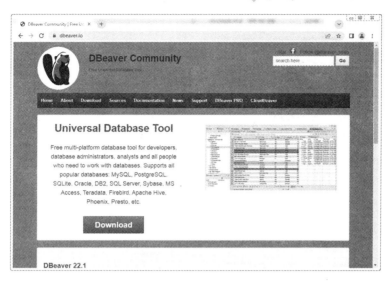

图 1-114 DBeaver 主页

图 1-115 DBeaver 下载页面

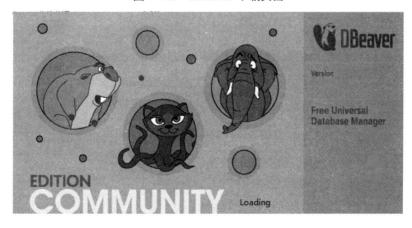

图 1-116 安装 DBeaver

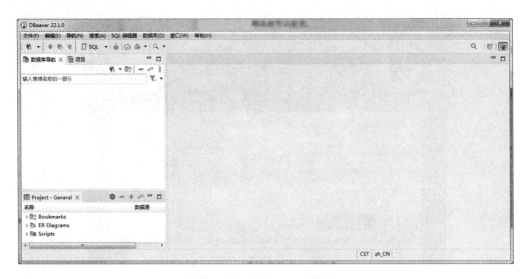

图 1-117　DBeaver 主界面

(5)　在"数据库导航"窗口中单击鼠标右键,在弹出的快捷菜单中选择"创建"→"连接"命令,如图 1-118 所示。

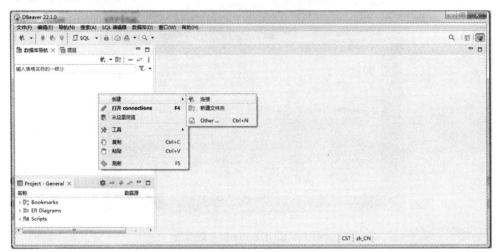

图 1-118　创建连接

(6)　在"选择您的数据库"对话框中选择 Apache Hive 选项,并单击"下一步"按钮,如图 1-119 所示。

(7)　在"通用 JDBC 连接设置"对话框中单击"编辑驱动设置"按钮,如图 1-120 所示。

(8)　在"编辑驱动'Apache Hive'"对话框中添加 Hive 的 JDBC 驱动,并单击"确定"按钮,如图 1-121 所示。

【提示】

Hive 的 JDBC 驱动文件 hive-jdbc-3.1.2-standalone.jar 可以在 Linux 上 Hive 安装目录下的 jdbc 目录找到。

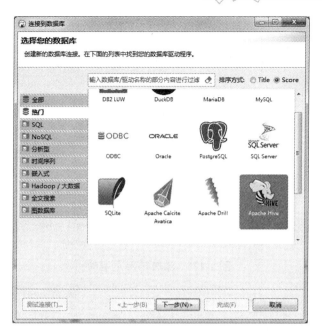

图 1-119　添加 Hive

图 1-120　编辑驱动设置

(9) 启动 Hadoop，并启动 HiveServer2，如图 1-122 所示。

```
start-all.sh
hiveserver2
```

(10) 在返回的"通用 JDBC 连接设置"对话框中输入主机地址和数据库/模式，如图 1-123 所示。

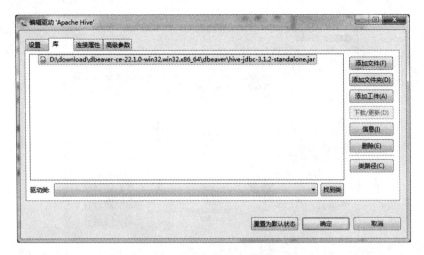

图 1-121　添加 Hive 的驱动

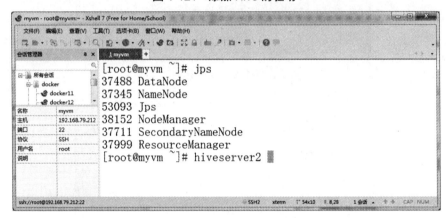

图 1-122　启动 HiveServer

图 1-123　设置 Hive 的参数

(11) 在"通用 JDBC 连接设置"对话框中单击"测试连接"按钮，此时将出现下面的错误信息。

```
Could not open client transport with JDBC Uri:
jdbc:hive2://192.168.79.212:10000/default:
Failed to open new session: java.lang.RuntimeException:
org.apache.hadoop.ipc.RemoteException
(org.apache.hadoop.security.authorize.AuthorizationException):
User: root is not allowed to impersonate anonymous
......
```

连接错误如图 1-124 所示。

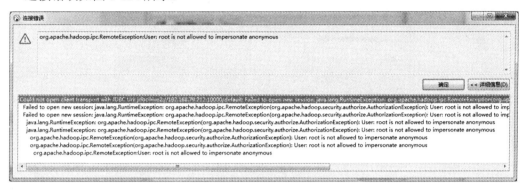

图 1-124 连接错误

(12) 停止 Hadoop 与 HiveServer2。

(13) 修改 Hadoop 配置文件.../etc/hadoop/core-site.xml，加入如下配置项。

```
<property>
    <name>hadoop.proxyuser.root.hosts</name>
    <value>*</value>
</property>
<property>
    <name>hadoop.proxyuser.root.groups</name>
    <value>*</value>
</property>
```

(14) 重新启动 Hadoop，并启动 HiveServer2。

```
start-all.sh
hiveserver2
```

(15) 在"通用 JDBC 连接设置"对话框中单击"测试连接"按钮，便可以成功连接到 Hive，如图 1-125 所示。

(16) 单击"完成"按钮回到 DBeaver 的主界面。

(17) 在"数据库导航"窗口中选择刚创建的 Hive 连接，便可以通过 DBeaver 查询 Hive 表中的数据，如图 1-126 所示。

图 1-125　连接成功

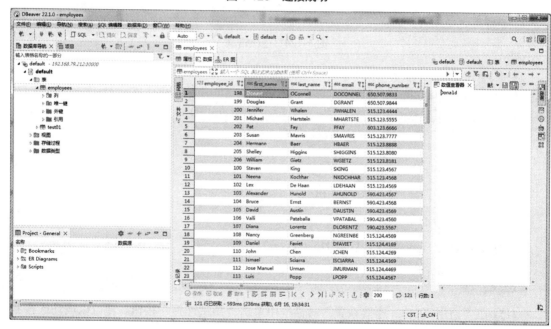

图 1-126　在 DBeaver 中查询 Hive 的数据

【任务检查与评价】

完成任务实施后，进行任务检查与评价，具体的检查评价内容如表 1-11 所示。

表 1-11 任务检查评价表

项目名称	企业人力资源员工数据的离线分析		
任务名称	准备项目数据与环境		
评价方式	可采用自评、互评、教师评价等方式		
说明	主要评价学生在项目学习过程中的操作技能、理论知识、学习态度、课堂表现、学习能力等		
评价内容与评价标准			
序号	评价内容	评价标准	分值	得分
1	知识运用 (20%)	掌握相关理论知识，理解本次任务要求，制订详细计划，计划条理清晰，逻辑正确(20 分) 理解相关理论知识，能根据本次任务要求制订合理计划(15 分) 了解相关理论知识，有制订计划(10 分) 无制订计划(0 分)	20分	
2	专业技能 (40%)	结果验证全部满足(40 分) 结果验证只有一个功能不能实现，其他功能全部实现(30 分) 结果验证只有一个功能实现，其他功能全部没有实现(20 分) 结果验证功能均未实现(0 分)	40分	
3	核心素养 (20%)	具有良好的自主学习能力和分析解决问题的能力，整个任务过程中有指导他人(20 分) 具有较好的学习能力和分析解决问题的能力，任务过程中无指导他人(15 分) 能够主动学习并收集信息，有请教他人进行解决问题的能力(10 分) 不主动学习(0 分)	20分	
4	课堂纪律 (20%)	设备无损坏，无干扰课堂秩序(20 分) 无干扰课堂秩序(10 分) 干扰课堂秩序(0 分)	20分	

【任务小结】

在本次任务中，学生需要使用 DBeaver 可视化查询工具完成与 Hive 的集成，并查询 Hive 表中的数据。

【任务拓展】

数据可视化工具有很多，例如 Visualis、Kibana 和 ECharts。学员可以根据实际的需要选择一种合适的可视化工具进行数据的查询与分析。

项目二

电商平台订单数据的分析与处理

【引导案例】

在电商平台的运营管理中需要对商品订单的数据进行统计，从而掌握商品销售的相关信息，包括每年的销售单数和销售总额，以及每年每种商品的销售总额等。

任务一　列式数据库 HBase

【职业能力目标】

通过本任务的教学，学生理解相关知识之后，应达成以下能力目标。
- 根据 HBase 列式存储的存储特点，导入电商平台订单数据，从而实现高效存储。
- 根据电商平台订单数据的特点，使用 HBase 提供的功能特性将数据存入 HBase 中。

【任务描述与要求】

- 任务描述

在电商平台的运营管理中要对商品的销售数据进行统计，从而掌握平台运营的相关信息，包括每年的销售单数和销售总额，以及每年每种商品的销售总额。本任务为该项目的前置任务，需要将数据存入 HBase 中。
- 任务要求
(1) 能使用命令行脚本的方式操作 HBase。
(2) 能开发 Java 程序操作 HBase。

【知识储备】

一、HBase 的体系架构

在前面的内容中，已经介绍了 BigTable 的思想和 HBase 的表结构。表 2-1 列举了 HBase 中需要了解的一些基本术语。

表 2-1　HBase 中需要了解的基本术语

HBase 的术语	说　明
命名空间	命名空间是对表的逻辑分组，不同的命名空间类似于关系型数据库中不同的 DataBase 数据库。利用命名空间，在多租户场景下可做到更好的资源和数据隔离
表	对应于关系型数据库中的一张张表，HBase 以"表"为单位组织数据，表由多行组成
行	由一个 RowKey 和多个列族组成，一个行有一个 RowKey，用来唯一标识
列族	每一行由若干列族组成，每个列族下可包含多个列。列族是列共性的一些体现
列限定符	列由列族和列限定符唯一指定
单元格	单元格由 RowKey、列族、列限定符唯一定位，单元格中存放一个值(Value)和一个版本号
时间戳	单元格内不同版本的值按时间倒序排列，最新的数据排在最前面

从体系架构的角度看，HBase 是一种主从架构，包含 HBase HMaster、Region Server 和 ZooKeeper，如图 2-1 所示。

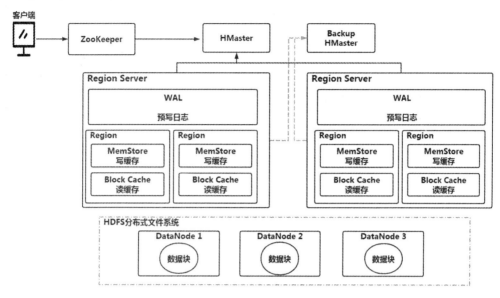

图 2-1　HBase 的体系架构

(1)　HBase HMaster 负责 Region 的分配及数据库的创建和删除等操作。

(2)　Region Server 负责数据的读写服务。

(3)　ZooKeeper 负责维护集群的状态。

下面详细讨论 HBase 体系架构中每一个组成部分的作用。

1. HMaster

HMaster 是整个 HBase 集群的主节点，它的职责主要体现在以下几方面。

(1)　负责在 Region Server 上分配和调控不同的 Region。

(2)　根据恢复和负载均衡的策略，重新分配 Region。

(3)　监控 Region Server 的状态。

(4)　管理和维护 HBase 的命名空间，即 NameSpace。

(5)　接收客户端的请求，提供创建、删除或者更新表格的接口。

另一方面，如果整个集群中只存在一个 HMaser，将造成单点故障的问题。因此也需要基于 ZooKeeper 来实现 HBase 的 HA(高可用)。但是 HBase 实现 HA 非常简单，因为在其体系架构中已经包含了 ZooKeeper，只需要再手动启动一个 HMaster 作为 Backup HMaster 即可。

2. Region Server

Region Server 负责数据的读写操作。一个 Region Server 可以包含多个 Region，而一个 Region 只能属于一个 Region Server。那么什么是 Region 呢？可以把 Region 理解成是列族，它与列族的关系是一对多的关系。HBase 表中的列族是根据 RowKey 的值水平分割成所谓的 Region 的。在默认情况下，Region 的大小是 1GB，其中包含 8 个 HFile 的数据文件。而每个数据文件的大小正好是 128MB，与 HDFS 数据块的大小保持一致。每个 Region Server 大约可以管理 1000 个 Region。

Region Server 除了包含 Region 以外，还包含 WAL 预写日志、Block Cache 读缓存和 MemStore 写缓存三个部分。

1) WAL 预写日志

Write-Ahead Logging 是一种高效的日志算法，相当于 Oracle 中的 redo log 或者 MySQL 中的 binlog。基本原理是在数据写入之前首先顺序写入日志，然后再写入缓存，等到缓存写满之后统一进行数据的持久化。WAL 将一次随机写转化为一次顺序写加一次内存写，在提供性能的前提下又保证了数据的可靠性。如果在写入数据完成之后发生了宕机，即使所有写缓存中的数据都丢失了，也可以通过恢复 WAL 日志达到恢复数据的目的。写入的 WAL 日志会对应一个 HLog 文件。

2) Block Cache 读缓存

HBase 将经常需要读取的数据放入 Block Cache 中，来提高读取数据的效率。当 Block Cache 的空间被占满后，会采用 LRU 算法将其中读取频率最低的数据从 Block Cache 中清除。

3) MemStore 写缓存

MemStore 中主要存储还未写入磁盘的数据，如果此时发生了宕机，这部分数据是会丢失的。HBase 中的每一个列族对应一个 MemStore，其中存储的是按键排好序的待写入硬盘的数据，数据也是按 RowKey 排好序写入 HFile 中的，最终保存到 HDFS 中。

【提示】

HBase 表中的数据最终保存在数据文件 HFile 中，并存储在 HDFS 的 DataNode 上。在将 MemStore 中的数据写入 HFile 中时，采用顺序写入的机制，避免了磁盘大量寻址的过程，从而大幅提高了性能。在读取 HFile 的时候，文件中包含的 RowKey 信息会被加载到内存中，这样就可以保证数据检索只需一次硬盘查询操作。

3. HBase 中的 ZooKeeper

ZooKeeper 在整个 HBase 集群中主要用于维护节点的状态并协调分布式系统的工作，主要体现在以下几方面。

(1) 监控 HBase 节点的状态，包括 HMaster 和 Region Server。

(2) 通过 ZooKeeper 的 Watcher 机制提供节点故障和宕机的通知。

(3) 保证服务器之间的同步。

(4) 负责 Master 选举的工作。

图 2-2 所示为 HBase 在 ZooKeeper 中保存的数据信息。

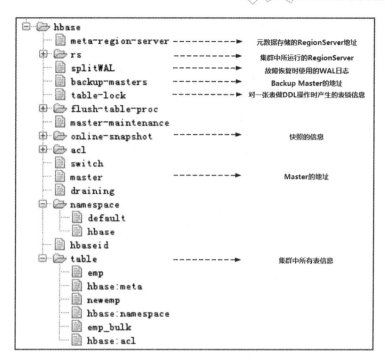

图 2-2 HBase 在 Zookeeper 中的数据

二、部署 HBase

HBase 的部署支持本地模式、伪分布模式和全分布模式。本地模式和伪分布模式多用于开发和测试,它们都是在单机环境中进行部署;而在真正的生产环境中需要将 HBase 部署成全分布模式,该模式是真正的 HBase 集群。

1. 部署 HBase 的本地模式

HBase 可以在本地模式下运行,在这样的模式下不需要 HDFS 的支持。HBase 直接使用本地的文件系统进行存储,这种模式一般用于开发和测试的环境。另外,由于没有 HDFS 的支持,因此存储的空间取决于本地硬盘空间的大小。

下面将在 bigdata111 的主机上部署 HBase 的本地模式,具体操作步骤如下。

(1) 将 HBase 的安装包解压到/root/training 目录。

```
tar -zxvf hbase-2.2.0-bin.tar.gz -C /root/training/
```

(2) 编辑/root/.bash_profile 文件,增加 HBase 的环境变量。

```
HBASE_HOME=/root/training/hbase-2.2.0
export HBASE_HOME

PATH=$HBASE_HOME/bin:$PATH
export PATH
```

(3) 执行 Linux 命令,生效 HBase 的环境变量。

```
source /root/.bash_profile
```

(4) 进入目录$HBASE_HOME/conf/，编辑 hbase-env.sh 文件，设置 JAVA_HOME 目录。

```
export JAVA_HOME=/root/training/jdk1.8.0_181
```

(5) 编辑 HBase 的核心配置文件 $HBASE_HOME/conf/hbase-site.xml，输入以下内容。

```
<!--HBase 的存储路径-->
<property>
<name>hbase.rootdir</name>
<value>file:///root/training/hbase-2.2.0/data</value>
</property>

<property>
<name>hbase.unsafe.stream.capability.enforce</name>
<value>false</value>
</property>
```

【提示】

通过参数 hbase.rootdir 可以看出，HBase 使用了本地的文件系统存储数据，而不是 HDFS；hbase.unsafe.stream.capability.enforce 参数表示如果使用本地的文件系统，则需要设置为 false。

(6) 执行命令启动 HBase。

```
start-hbase.sh
```

【提示】

此时通过执行 jps 命令，可以看到后台只有一个 HMaster 进程。在 HBase 的本地模式下没有 Region Server 进程和 ZooKeeper。

(7) 启动 HBase 的命令行工具 hbase shell，如图 2-3 所示。

```
[root@bigdata111 conf]# hbase shell
Use "help" to get list of supported commands.
Use "exit" to quit this interactive shell.
For Reference, please visit: http://hbase.apache.
Version 2.2.0, rUnknown, Tue Jun 11 04:30:30 UTC
Took 0.0041 seconds
hbase(main):001:0>
```

图 2-3　hbase shell 命令行工具

【提示】

在 hbase shell 命令行工具中可以执行 HBase 的命令来创建表、插入数据和查询数据。

(8) 停止 HBase。

```
stop-hbase.sh
```

2. 部署 HBase 的伪分布模式

与 Hadoop 的伪分布模式相同，HBase 的伪分布模式也是在单机上模拟一个分布式环境。伪分布模式具备 ZooKeeper、HMaster 和 RegionServer，也具备 HBase 大部分的功能特性。在部署好的 HBase 本地模式的基础上，可以很方便地实现伪分布模式。

【提示】

由于 HBase 的伪分布模式和全分布模式都是将数据文件存储在 HDFS 中，因此在进行部署前需要安装部署好 Hadoop 环境。

HBase 伪分布模式只需要单机即可部署，因此下面的步骤将在 bigdata111 的主机上进行配置。

(1) 修改 hbase-env.sh 文件中下面的参数，使用 HBase 自带的 ZooKeeper。

```
export HBASE_MANAGES_ZK=true
```

【提示】

由于 HBase 需要使用 ZooKeeper 来存储相关的元信息，因此 HBase 自带了一个 ZooKeeper。将参数 HBASE_MANAGES_ZK 设置为 true，表示使用 HBase 自带的 ZooKeeper。但是在生产环境中，应该单独搭建一个 ZooKeeper 集群。

(2) 修改 hbase-site.xml 文件。

```
<!--使用 HDFS 作为 HBase 的存储目录-->
<property>
<name>hbase.rootdir</name>
<value>hdfs://bigdata111:9000/hbase</value>
</property>

<property>
<name>hbase.unsafe.stream.capability.enforce</name>
<value>false</value>
</property>

<!--HBase 的分布式环境需要将该参数设置为 true-->
<property>
<name>hbase.cluster.distributed</name>
<value>true</value>
</property>

<!--配置 ZooKeeper 的地址-->
<property>
<name>hbase.zookeeper.quorum</name>
<value>bigdata111</value>
</property>
```

【提示】

通过参数 hbase.rootdir 可以看出，HBase 在启动时会在 HDFS 上自动创建目录/hbase 存储数据。

(3) 启动 Hadoop 伪分布模式。

```
start-all.sh
```

(4) 执行命令启动 HBase。

```
start-hbase.sh
```

(5) 执行 jps 命令查看后台的 Java 进程，如图 2-4 所示。

```
[root@bigdata111 conf]# jps
102064 DataNode
102306 SecondaryNameNode
102713 NodeManager
105036 HRegionServer
105436 Jps
104895 HMaster
101918 NameNode
102574 ResourceManager
104830 HQuorumPeer
[root@bigdata111 conf]#
```

图 2-4　HBase 的后台进程

【提示】

从图 2-4 中可以看出，除了 Hadoop 的进程以外，还有 HBase 的相关进程。这里的 HQuorumPeer 进程其实就是 ZooKeeper。

3. 部署 HBase 的全分布模式

全分布模式是 HBase 真正的集群模式，一般可用于生产环境。在 HBase 全分布模式下存在一个 HMaster 节点，至少也包含两个 Region Server。下面将在 Hadoop 全分布模式的基础上进行搭建。

(1) 启动 bigdata112、bigdata113 和 bigdata114 上的 Hadoop 全分布模式。

```
start-all.sh
```

(2) 在 bigdata112、bigdata113 和 bigdata114 的主机上编辑/root/.bash_profile 文件，设置 HBase 的环境变量。

```
HBASE_HOME=/root/training/hbase-2.2.0
export HBASE_HOME

PATH=$HBASE_HOME/bin:$PATH
export PATH
```

(3) 在 bigdata112 上解压 HBase 的安装包。

```
tar -zxvf hbase-2.2.0-bin.tar.gz -C /root/training/
```

(4) 编辑/root/training/hbase-2.2.0/conf/hbase-env.sh 文件，设置 JAVA_HOME 并使用 HBase 自带的 ZooKeeper。

```
export JAVA_HOME=/root/training/jdk1.8.0_181
export HBASE_MANAGES_ZK=true
```

(5) 编辑/root/training/hbase-2.2.0/conf/hbase-site.xml 文件，增加下面的参数。

```
<property>
<name>hbase.rootdir</name>
<value>hdfs://bigdata112:9000/hbase</value>
```

```
</property>

<property>
<name>hbase.unsafe.stream.capability.enforce</name>
<value>false</value>
</property>

<property>
<name>hbase.cluster.distributed</name>
<value>true</value>
</property>

<!--配置 ZooKeeper 的地址-->
<property>
<name>hbase.zookeeper.quorum</name>
<value>bigdata112</value>
</property>

<property>
<name>hbase.master.maxclockskew</name>
<value>3000</value>
</property>
```

【提示】

参数 hbase.master.maxclockskew 表示 HBase 集群中允许的最大时间误差，一般不建议将该值设置太大。

(6) 编辑/root/training/hbase-2.2.0/conf/regionservers 文件，输入 Region Server 的地址。

```
bigdata113
bigdata114
```

(7) 将 bigdata112 上的 HBase 目录复制到 bigdata113 和 bigdata114 上。

```
scp -r hbase-2.2.0/ root@bigdata113:/root/training
scp -r hbase-2.2.0/ root@bigdata114:/root/training
```

(8) 在 bigdata112 上启动 HBase 全分布模式。

```
start-hbase.sh
```

(9) 在每个节点上执行 jps 命令，查看后台进程信息，如图 2-5 所示。

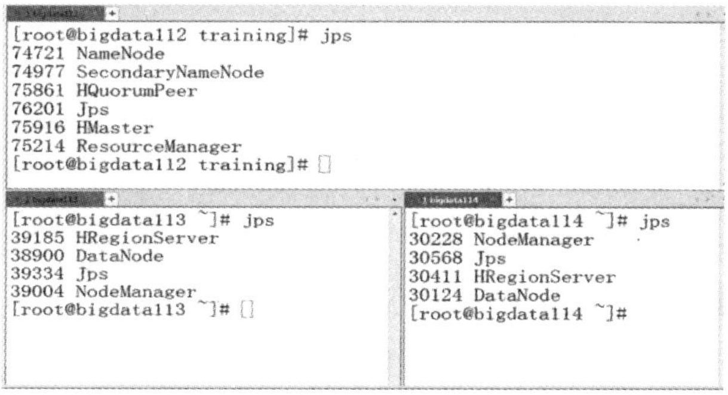

```
[root@bigdata112 training]# jps
74721 NameNode
74977 SecondaryNameNode
75861 HQuorumPeer
76201 Jps
75916 HMaster
75214 ResourceManager
[root@bigdata112 training]#
```

```
[root@bigdata113 ~]# jps
39185 HRegionServer
38900 DataNode
39334 Jps
39004 NodeManager
[root@bigdata113 ~]#
```

```
[root@bigdata114 ~]# jps
30228 NodeManager
30568 Jps
30411 HRegionServer
30124 DataNode
[root@bigdata114 ~]#
```

图 2-5 HBase 的全分布模式

4. HBase 的高可用模式

大数据体系架构中的核心组件，包括 HDFS、Yarn、HBase、Spark 和 Flink，都是主从架构，即存在一个主节点和多个从节点，从而组成一个分布式环境。图 2-6 所示为大数据体系中的主从架构。

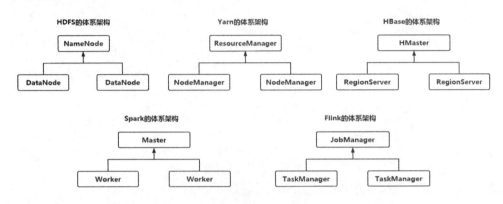

图 2-6　大数据体系的主从架构

从图 2-6 中可以看出大数据的核心组件都是一种主从架构，而只要是主从架构就存在单点故障的问题。因为整个集群中只存在一个主节点，如果这个主节点出现故障或者发生了宕机，就会造成整个集群无法正常工作。因此我们就需要实现大数据 HA 的功能，即 High Availablity(高可用的架构)。HA 的思想其实非常简单：既然整个集群中只有一个主节点存在单点故障的问题，那么只需要搭建多个主节点就可以解决这样的问题了，这就是 HA 的核心思想。

由于 HBase 是一种主从架构，因此存在单点故障的问题。HBase 支持基于 ZooKeeper 的高可用架构来解决单点故障。而 HBase 在其环境中自带了一个 ZooKeeper。因此对于 HBase 来说，要搭建 HBase HA 的环境就变得非常的简单。在 HBase 的全分布模式下，只需要在某个从节点的 Region Server 上手动启动一个 HMaster 即可。下面通过具体的步骤来进行演示。

(1)　在 bigdata113 上执行命令手动启动一个 HMaster。

```
hbase-daemon.sh start master
```

(2)　通过 jps 命令查看每台主机上的后台进程，如图 2-7 所示。

```
jps
```

【提示】

此时在 bigdata112 和 bigdata113 上各有一个 HMaster。但其中一个 HMaster 的状态是 Active，而另一个 HMaster 的状态是 Backup Master。

(3)　打开浏览器查看 bigdata113 上 HBase 的 Web Console，如图 2-8 所示。

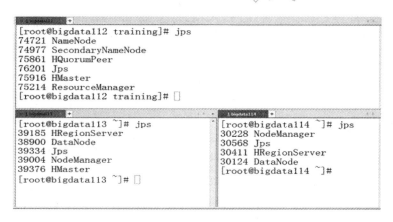

图 2-7　HBase HA 的后台进程

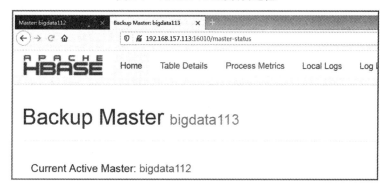

图 2-8　备用的 HBase Master

【提示】

当 bigdata112 上的 HMaster 出现问题发生宕机，ZooKeeper 会自动将 bigdata113 上的
Backup Master 切换成 Active Master。

三、使用命令行操作 HBase

HBase 有自己的命令行工具 hbase shell，也有自己的语法命令用于操作 HBase。在搭建
好 HBase 的环境后，通过 hbase shell 进入命令行工具。下面通过具体的示例来演示如何使
用 hbase shell 命令行工具操作 HBase。

1. 基础命令操作

(1) 启动 hbase shell 命令行工具。

```
hbase shell
```

输出的信息如下。

```
HBase Shell
Use "help" to get list of supported commands.
Use "exit" to quit this interactive shell.
For Reference,
please visit: http://hbase.apache.org/2.0/book.html#shell
```

```
Version 2.2.0, rUnknown, Tue Jun 11 04:30:30 UTC 2019
Took 0.0030 seconds
hbase(main):001:0>
```

(2) 执行 help 指令查看 hbase shell 的帮助信息。

```
help
```

输出的信息如下。

```
HBase Shell, version 2.2.0, rUnknown, Tue Jun 11 04:30:30 UTC 2019
Type 'help "COMMAND"', (e.g. 'help "get"' -- the quotes are necessary)
for help on a specific command.
Commands are grouped. Type 'help "COMMAND_GROUP"', (e.g. 'help "general"') for
help on a command group.

COMMAND GROUPS:
  Group name: general
  Commands: processlist, status, table_help, version, whoami

  Group name: ddl
  Commands: alter, alter_async, alter_status, clone_table_schema, create,
describe, disable, disable_all, drop, drop_all, enable, enable_all, exists,
get_table, is_disabled, is_enabled, list, list_regions, locate_region,
show_filters
......
```

(3) 查询服务器状态。

```
status
```

输出的信息如下。

```
1 active master, 0 backup masters, 1 servers, 0 dead, 3.0000 average load
```

【提示】

由于当前是 HBase 的伪分布式模式，这里可以看出只有一个 HMaster 和一个 Region Server。

(4) 查询 HBase 版本号。

```
version
```

输出的信息如下。

```
2.2.0, rUnknown, Tue Jun 11 04:30:30 UTC 2019
```

(5) 查看当前登录用户信息。

```
whoami
```

输出的信息如下。

```
root (auth:SIMPLE)
   groups: root
```

2. DDL 操作

DDL 是 Data Definition Language 的缩写，代表数据定义语言。DDL 语句用于管理与表相关的操作，包括创建表、修改表、上线表和下线表、删除表等操作。下面通过具体的示例来演示如何在 hbase shell 中使用 DDL 语句进行操作。

(1) 创建一张表用于保存部门的信息。

```
> create 'dept','info'
```

(2) 列出当前 HBase 中的所有表。

```
> list
```

输出的信息如下。

```
TABLE
dept
students
2 row(s)
Took 0.0631 seconds
=> ["dept", "students"]
```

【提示】

从输出的结果可以看出，当前 HBase 中存在两张表，即 dept 表和 students 表。

(3) 获取表的描述。

```
> describe 'dept'
```

输出的信息如下。

```
{NAME => 'info',                                  ---列族的名称
    VERSIONS => '1',                              ---列族支持的版本数
    EVICT_BLOCKS_ON_CLOSE => 'false',
    NEW_VERSION_BEHAVIOR => 'false',              ---是否启用新版本特性
    KEEP_DELETED_CELLS => 'FALSE',                ---保留被删除的行
    CACHE_DATA_ON_WRITE => 'false',               ---将数据写入缓存
    DATA_BLOCK_ENCODING => 'NONE',                ---数据块编码格式
    TTL => 'FOREVER',                             ---用于限定数据的超时时间
    MIN_VERSIONS => '0',                          ---最小版本数
    REPLICATION_SCOPE => '0',                     ---指定 HBase 主从复制的范围
    BLOOMFILTER => 'ROW',                         ---设置布隆过滤器
    CACHE_INDEX_ON_WRITE => 'false',              ---写入缓存索引
    IN_MEMORY => 'false',                         ---在内存中缓存数据
    CACHE_BLOOMS_ON_WRITE => 'false',
    PREFETCH_BLOCKS_ON_OPEN => 'false', ---是否允许预取数据
    COMPRESSION => 'NONE',                        ---是否开启数据压缩
    BLOCKCACHE => 'true',                         ---是否开启块缓存
    BLOCKSIZE => '65536'                          ---HFile 数据文件中块的大小
}
```

(4) 在表上添加一个列族。

```
> alter 'dept','description'
```

输出的信息如下。

```
Updating all regions with the new schema...
1/1 regions updated.
Done.
```

(5) 再次获取表的描述。

```
> describe 'dept'
```

输出的信息如下。

```
{NAME => 'description',
     VERSIONS => '1', EVICT_BLOCKS_ON_CLOSE => 'false',
     NEW_VERSION_BEHAVIOR => 'false', KEEP_DELETED_CELLS => 'FALSE',
     CACHE_DATA_ON_WRITE => 'false', DATA_BLOCK_ENCODING => 'NONE',
     TTL => 'FOREVER', MIN_VERSIONS => '0', REPLICATION_SCOPE => '0',
     BLOOMFILTER => 'ROW', CACHE_INDEX_ON_WRITE => 'false',
     IN_MEMORY => 'false', CACHE_BLOOMS_ON_WRITE => 'false',
     PREFETCH_BLOCKS_ON_OPEN => 'false', COMPRESSION => 'NONE',
     BLOCKCACHE => 'true', BLOCKSIZE => '65536'}
{NAME => 'info',
     VERSIONS => '1', EVICT_BLOCKS_ON_CLOSE => 'false',
     NEW_VERSION_BEHAVIOR => 'false', KEEP_DELETED_CELLS => 'FALSE',
     CACHE_DATA_ON_WRITE => 'false', DATA_BLOCK_ENCODING => 'NONE',
     TTL => 'FOREVER', MIN_VERSIONS => '0', REPLICATION_SCOPE => '0',
     BLOOMFILTER => 'ROW', CACHE_INDEX_ON_WRITE => 'false',
     IN_MEMORY => 'false', CACHE_BLOOMS_ON_WRITE => 'false',
     PREFETCH_BLOCKS_ON_OPEN => 'false', COMPRESSION => 'NONE',
     BLOCKCACHE => 'true', BLOCKSIZE => '65536'}
```

【提示】

此时可以看出，在表 dept 上有两个列族，分别是 description 和 info。

(6) 删除一个列族。

```
> alter 'dept',{NAME=>'description',METHOD=>'delete'}
```

(7) 查询表是否存在。

```
> exists 'dept'
```

输出的信息如下。

```
Table dept does exist
```

(8) 查看表是否可用。

```
> is_enabled 'dept'
```

输出的信息如下。

```
true
```

【提示】

当 HBase 中的表为可用状态时，不能执行 drop 操作。

（9）删除一张表。

```
> drop 'dept'
```

输出的信息如下。

```
ERROR: Table dept is enabled. Disable it first.

For usage try 'help "drop"'
```

（10）删除一张表前，应该先禁用该表。

```
> disable 'dept'
> drop 'dept'
```

3. DML 操作

DML 是 Data Manipulation Language 的缩写，代表数据操作语言。DML 语句用于数据写入、删除、修改、查询、清空等操作。下面通过具体的示例来演示如何在 hbase shell 中使用 DML 语句进行操作。

（1）创建一张员工表 emp 用于保存员工数据。

```
> create 'emp','info','money'
```

（2）插入员工数据。

```
> put 'emp','7839','info:ename','KING'
> put 'emp','7839','info:job','PRESIDENT'
> put 'emp','7839','money:salary','5000'
> put 'emp','7566','info:ename','SCOTT'
> put 'emp','7566','money:salary','5000'
```

【提示】

这里插入了 5 行数据，但是在 emp 表上只存在 2 条记录。因为在 HBase 中与 RowKey 相同的行是同一条记录。

（3）查询员工表 emp 的数据。

```
> scan 'emp'
```

输出的信息如下。

```
ROW        COLUMN+CELL
 7566       column=info:ename, timestamp=1649507667815, value=SCOTT
 7566       column=money:salary, timestamp=1649507673827, value=5000
 7839       column=info:ename, timestamp=1649507652841, value=KING
 7839       column=info:job, timestamp=1649507657189, value=PRESIDENT
 7839       column=money:salary, timestamp=1649507663031, value=5000
2 row(s)
```

【提示】

这里只返回了 2 条记录，而不是 5 条记录。

（4）查询员工号是 7839 的员工数据。

```
> get 'emp','7839'
```

输出的信息如下。

```
COLUMN                CELL
 info:ename           timestamp=1649507652841, value=KING
 info:job             timestamp=1649507657189, value=PRESIDENT
 money:salary         timestamp=1649507663031, value=5000
1 row(s)
```

(5) 查询员工号是 7839 的 info 列族上的数据。

```
> get 'emp','7839','info'
```

输出的信息如下。

```
COLUMN                CELL
 info:ename           timestamp=1649507652841, value=KING
 info:job             timestamp=1649507657189, value=PRESIDENT
1 row(s)
```

(6) 更新员工号是 7839 的薪资，并查看更新的结果。

```
> put 'emp','7839','money:salary','6000'
> get 'emp','7839','money:salary'
```

输出的信息如下。

```
COLUMN           CELL
 money:salary    timestamp=1649508237304, value=6000
1 row(s)
```

(7) 统计员工表中的记录数。

```
> count 'emp'
```

输出的信息如下。

```
2 row(s)
Took 0.0111 seconds
=> 2
```

(8) 清空员工表中的数据。

```
> truncate 'emp'
```

输出的信息如下。

```
Truncating 'emp' table (it may take a while):
Disabling table...
Truncating table...
Took 4.6321 seconds
```

【提示】

在 HBase 1.x 中，当执行 truncate 语句时输出的日志如下:

Truncating 'emp' table (it may take a while):

Disabling table...

Droping table...

Creating table...

这说明 HBase 是通过删除表后，再重建表来清空表中的数据。

四、HBase 的 Java API

HBase 提供了 Java API 用于访问 HBase，提供的 Java API 位于 HBase 安装目录的 lib 和 client-facing-thirdparty 目录下。因此需要把目录下的 jar 文件包含在 Java 工程中。

【提示】

如果是在宿主机 Windows 上访问部署在 Linux 上的 HBase，则需要连接 ZooKeeper。因为在 ZooKeeper 中保存的是主机名，而不是 IP 地址。因此需要在 Windows 的 hosts 文件中添加映射关系。例如在文件 C:\Windows\System32\drivers\etc\hosts 中添加下面的配置：

192.168.157.111 bigdata111

1. 使用 Java API 操作 HBase

下面通过具体的示例代码来演示如何开发 Java 程序操作 HBase。

(1) 创建 HBase 的表。

```java
@Test
public void testCreateTable() throws Exception{
    //配置 ZooKeeper 的地址
    Configuration conf = new Configuration();
    conf.set("hbase.zookeeper.quorum", "bigdata111");

    //创建一个连接
    Connection conn = ConnectionFactory.createConnection(conf);
    //获取 HBase 客户端
    Admin client = conn.getAdmin();

    //指定表结构
    TableDescriptorBuilder builder = TableDescriptorBuilder
                            .newBuilder(TableName.valueOf("test001"));

//添加列族
builder.setColumnFamily(ColumnFamilyDescriptorBuilder.of("info"));
builder.setColumnFamily(ColumnFamilyDescriptorBuilder.of("grade"));

    //创建表的描述符
    TableDescriptor td = builder.build();

    //创建表
    client.createTable(td);

    client.close();
    conn.close();
    System.out.println("完成");
}
```

【提示】

从代码可以看出，HBase Java API 采用了面向对象的方式而不是像关系数据库那样通过 SQL 语句操作数据。

代码中为了测试的方便，采用了 JUnit 的方式来运行，即使用@Test。

(2) 插入单条数据。

```java
@Test
public void testPutData() throws Exception{
    //配置 ZooKeeper 的地址
    Configuration conf = new Configuration();
    conf.set("hbase.zookeeper.quorum", "bigdata111");

    //创建一个连接
    Connection conn = ConnectionFactory.createConnection(conf);

    //获取表的客户端
    Table client = conn.getTable(TableName.valueOf("test001"));

    //构造一个 Put 对象，参数就是 rowkey
    Put put = new Put(Bytes.toBytes("s001"));

    put.addColumn(Bytes.toBytes("info"),          //列族
                Bytes.toBytes("name"),           //列
                Bytes.toBytes("Mary"));          //值

    client.put(put);

    client.close();
    conn.close();
}
```

【提示】

通过方法 client.put(put)一次只能插入一条数据，但 put 方法可以接收一个列表来实现一次插入多条数据。例如：

List<Put> list = new ArrayList<Put>();

list.add(put1);

list.add(put2);

...

client.put(list);

(3) 查询单条数据。

```java
@Test
public void testGet() throws Exception{
    //配置 ZooKeeper 的地址
    Configuration conf = new Configuration();
    conf.set("hbase.zookeeper.quorum", "bigdata111");

    //创建一个连接
```

```
Connection conn = ConnectionFactory.createConnection(conf);

//获取表的客户端
Table client = conn.getTable(TableName.valueOf("test001"));

//构造一个Get对象，指定rowkey
Get get = new Get(Bytes.toBytes("s001"));

//执行查询
Result r = client.get(get);
String name = Bytes.toString(r.getValue(Bytes.toBytes("info"),
                             Bytes.toBytes("name")));

System.out.println("名字是"+ name);

client.close();
conn.close();
}
```

(4) 通过 scan 读取整张表。注意：scan 可以通过添加一个过滤器来过滤读取的结果。

```
@Test
public void testScan() throws Exception{
    //配置 ZooKeeper 的地址
    Configuration conf = new Configuration();
    conf.set("hbase.zookeeper.quorum", "bigdata111");

    //创建一个连接
    Connection conn = ConnectionFactory.createConnection(conf);

    //获取表的客户端
    Table client = conn.getTable(TableName.valueOf("test001"));

    //定义一个扫描器，默认扫描整张表
    Scan scan = new Scan();

    //这里可以定义过滤器，过滤查询的结果
    //scan.setFilter(filter)

    //扫描表
    ResultScanner rs = client.getScanner(scan);
    for(Result r :rs) {
        String name = Bytes.toString(r.getValue(Bytes.toBytes("info"),
                                     Bytes.toBytes("name")));
        String math = Bytes.toString(r.getValue(Bytes.toBytes("grade"),
                                     Bytes.toBytes("math")));

        System.out.println(name +"\t"+math);
    }

    client.close();
    conn.close();
}
```

(5) 删除表。

```
@Test
public void testDropTable() throws Exception{
    //配置 ZooKeeper 的地址
    Configuration conf = new Configuration();
    conf.set("hbase.zookeeper.quorum", "bigdata111");

    //创建一个连接
    Connection conn = ConnectionFactory.createConnection(conf);
    //客户端
    Admin client = conn.getAdmin();

    client.disableTable(TableName.valueOf("test001"));
    client.deleteTable(TableName.valueOf("test001"));

    client.close();
    conn.close();
}
```

【提示】

删除表的时候，需要先将表禁用，再执行删除操作。

2. 使用 HBase 的过滤器过滤数据

HBase 在使用 scan 读取表中的数据时，可以通过添加过滤器来过滤读取的结果。比较常用的过滤器有列值过滤器 SingleColumnValueFilter、列名前缀过滤器 ColumnPrefixFilter、多个列名前缀过滤器 MultipleColumnPrefixFilter 和 Rowkey 过滤器 RowFilter。这些过滤器可以单独使用，也可以组合使用实现更为复杂的查询。

【提示】

为了方便进行测试，首先创建一张测试表并插入若干条测试数据，这里以员工表的数据为例，包含员工号、姓名 ename 和薪资 sal，并使用员工号作为 Rowkey。

下面通过具体的示例来演示如何使用 HBase 的过滤器。

(1) 在 hbase shell 命令行中创建员工表。

```
create 'emp','empinfo'
```

(2) 执行 put 命令插入员工数据。

```
put 'emp','7369','empinfo:ename','SMITH'
put 'emp','7499','empinfo:ename','ALLEN'
put 'emp','7521','empinfo:ename','WARD'
put 'emp','7566','empinfo:ename','JONES'
put 'emp','7654','empinfo:ename','MARTIN'
put 'emp','7698','empinfo:ename','BLAKE'
put 'emp','7782','empinfo:ename','CLARK'
put 'emp','7788','empinfo:ename','SCOTT'
put 'emp','7839','empinfo:ename','KING'
put 'emp','7844','empinfo:ename','TURNER'
put 'emp','7876','empinfo:ename','ADAMS'
put 'emp','7900','empinfo:ename','JAMES'
put 'emp','7902','empinfo:ename','FORD'
```

```
put 'emp','7934','empinfo:ename','MILLER'
put 'emp','7369','empinfo:sal','800'
put 'emp','7499','empinfo:sal','1600'
put 'emp','7521','empinfo:sal','1250'
put 'emp','7566','empinfo:sal','2975'
put 'emp','7654','empinfo:sal','1250'
put 'emp','7698','empinfo:sal','2850'
put 'emp','7782','empinfo:sal','2450'
put 'emp','7788','empinfo:sal','3000'
put 'emp','7839','empinfo:sal','5000'
put 'emp','7844','empinfo:sal','1500'
put 'emp','7876','empinfo:sal','1100'
put 'emp','7900','empinfo:sal','950'
put 'emp','7902','empinfo:sal','3000'
put 'emp','7934','empinfo:sal','1300'
```

(3) 使用列值过滤器 SingleColumnValueFilter 查询薪资等于 3000 的员工数据。

```java
@Test
public void testFilter1() throws Exception{
    //指定的配置信息：ZooKeeper
    Configuration conf = new Configuration();
    conf.set("hbase.zookeeper.quorum", "bigdata111");
    Connection conn = ConnectionFactory.createConnection(conf);

    //定义一个列值过滤器
    SingleColumnValueFilter filter =
            new SingleColumnValueFilter(Bytes.toBytes("empinfo"),//列族
                            Bytes.toBytes("sal"),  //列
                            CompareOperator.EQUAL, //比较运算符
                            Bytes.toBytes("3000"));

    //创建一个扫描器
    Scan scan = new Scan();
    scan.setFilter(filter);

    //得到表的客户端
    Table table = conn.getTable(TableName.valueOf("emp"));

    //执行查询
    ResultScanner rs = table.getScanner(scan);
    for(Result r:rs) {
        //输出员工的姓名
        String name = Bytes.toString(r.getValue(Bytes.toBytes("empinfo"),
                                    Bytes.toBytes("ename")));
        System.out.println(name);
    }

    table.close();
    conn.close();
}
```

(4) 使用列名前缀过滤器 ColumnPrefixFilter 查询所有员工的姓名。

```java
@Test
public void testFilter2() throws Exception{
```

```
//指定的配置信息: ZooKeeper
Configuration conf = new Configuration();
conf.set("hbase.zookeeper.quorum", "bigdata111");
Connection conn = ConnectionFactory.createConnection(conf);

//定义一个列名前缀过滤器
ColumnPrefixFilter filter = new
ColumnPrefixFilter(Bytes.toBytes("ename"));

//创建一个扫描器
Scan scan = new Scan();
scan.setFilter(filter);

//得到表的客户端
Table table = conn.getTable(TableName.valueOf("emp"));

//执行查询
ResultScanner rs = table.getScanner(scan);
for(Result r:rs) {
    //输出员工的姓名
    String name = Bytes.toString(r.getValue(Bytes.toBytes("empinfo"),
                                 Bytes.toBytes("ename")));

    System.out.println(name);
}

table.close();
conn.close();
}
```

(5) 使用多个列名前缀过滤器 MultipleColumnPrefixFilter 查询员工的姓名和薪资。

```
@Test
public void testFilter3() throws Exception{
    //指定的配置信息: ZooKeeper
    Configuration conf = new Configuration();
    conf.set("hbase.zookeeper.quorum", "bigdata111");
    Connection conn = ConnectionFactory.createConnection(conf);

    //构造一个多个列名前缀过滤器
    byte[][] names = {Bytes.toBytes("ename"),Bytes.toBytes("sal")};
    MultipleColumnPrefixFilter filter = new MultipleColumnPrefixFilter(names);

    //创建一个扫描器
    Scan scan = new Scan();
    scan.setFilter(filter);

    //得到表的客户端
    Table table = conn.getTable(TableName.valueOf("emp"));

    //执行查询
    ResultScanner rs = table.getScanner(scan);
    for(Result r:rs) {
        //输出员工的姓名
        String name = Bytes.toString(r.getValue(Bytes.toBytes("empinfo"),
```

```
                                    Bytes.toBytes("ename")));

        //输出员工的薪资
        String sal = Bytes.toString(r.getValue(Bytes.toBytes("empinfo"),
                                    Bytes.toBytes("sal")));

        System.out.println(name+"\t"+sal);
    }

    table.close();
    conn.close();
}
```

(6) 使用 Rowkey 过滤器 RowFilter，这种过滤器相当于使用 get 语句的方式查询数据。

```
@Test
public void testFilter4() throws Exception{
    //指定的配置信息：ZooKeeper
    Configuration conf = new Configuration();
    conf.set("hbase.zookeeper.quorum", "bigdata111");
    Connection conn = ConnectionFactory.createConnection(conf);

    //创建一个 RowKey 过滤器
    RowFilter filter = new RowFilter(CompareOperator.EQUAL, //比较运算符
                        //指定员工的员工号，可以是一个正则表达式
                        new RegexStringComparator("7839"));

    //创建一个扫描器
    Scan scan = new Scan();
    scan.setFilter(filter);

    //得到表的客户端
    Table table = conn.getTable(TableName.valueOf("emp"));

    //执行查询
    ResultScanner rs = table.getScanner(scan);
    for(Result r:rs) {
        //输出员工的姓名
        String name = Bytes.toString(r.getValue(Bytes.toBytes("empinfo"),
                                    Bytes.toBytes("ename")));

        //输出员工的薪资
        String sal = Bytes.toString(r.getValue(Bytes.toBytes("empinfo"),
                                    Bytes.toBytes("sal")));

        System.out.println(name+"\t"+sal);
    }

    table.close();
    conn.close();
}
```

(7) 也可以组合使用多个过滤器，例如下面的查询中，组合使用列值过滤器和列名前缀过滤器来查询薪资等于 3000 元的员工姓名。

```
@Test
public void testFilter5() throws Exception{
    //指定的配置信息：ZooKeeper
    Configuration conf = new Configuration();
    conf.set("hbase.zookeeper.quorum", "bigdata111");
    Connection conn = ConnectionFactory.createConnection(conf);

    //创建第一个过滤器：列值过滤器
    SingleColumnValueFilter filter1 =
            new SingleColumnValueFilter(Bytes.toBytes("empinfo"),//列族
                                Bytes.toBytes("sal"),  //列
                                CompareOperator.EQUAL,  //比较运算符
                                Bytes.toBytes("3000"));

    //创建第二个过滤器：列名前缀过滤器
    ColumnPrefixFilter filter2 = new ColumnPrefixFilter(Bytes.toBytes("ename"));

    /*
     * 这里可以指定两个过滤器的关系：
     * Operator.MUST_PASS_ALL  相当于是 and 条件
     * Operator.MUST_PASS_ONE  相当于是 or 条件
     */
    FilterList list = new FilterList(Operator.MUST_PASS_ALL);
    list.addFilter(filter1);
    list.addFilter(filter2);

    //创建一个扫描器
    Scan scan = new Scan();
    scan.setFilter(list);

    //得到表的客户端
    Table table = conn.getTable(TableName.valueOf("emp"));

    //执行查询
    ResultScanner rs = table.getScanner(scan);
    for(Result r:rs) {
        //输出员工的姓名
        String name = Bytes.toString(r.getValue(Bytes.toBytes("empinfo"),
                                Bytes.toBytes("ename")));

        //输出员工的薪资
        String sal = Bytes.toString(r.getValue(Bytes.toBytes("empinfo"),
                                Bytes.toBytes("sal")));

        System.out.println(name+"\t"+sal);
    }

    table.close();
    conn.close();
}
```

3. HBase 上的 MapReduce

MapReduce 除了可以处理 HDFS 的数据外，还可以处理存储在 HBase 中的数据。此时，MapReduce 输入和输出的则是 HBase 的表；而 HBase 的表通常通过 RowKey 访问。下面将通过一个具体的示例来演示如何使用 MapReduce 处理存储在 HBase 中的数据。

(1) 在 HBase 中创建表，并插入测试数据。

```
create 'word','content'
put 'word','1','content:info','I love Beijing'
put 'word','2','content:info','I love China'
put 'word','3','content:info','Beijing is the capital of China'
```

(2) 创建输出表用于保存 MapReduce 处理的结果。

```
create 'stat','content'
```

(3) 开发 Map 程序。

```java
public class WordCountMapper
extends TableMapper<Text, IntWritable>{

    @Override
    protected void map(ImmutableBytesWritable key1,
Result value1,Context context)
         throws IOException, InterruptedException {
        /*
         * key1 表示输入记录的 RowKey
         * value1 表示这条记录
         */
        //数据: I love Beijing
        String data = Bytes.toString(value1.getValue(
                Bytes.toBytes("content"), Bytes.toBytes("info")));

        //分词
        String[] words = data.split(" ");

        //输出
        for(String w:words) {
            context.write(new Text(w), new IntWritable(1));
        }
    }
}
```

(4) 开发 Reduce 程序。

```java
public class WordCountReducer
extends TableReducer<Text, IntWritable, ImmutableBytesWritable> {

    @Override
    protected void reduce(Text k3, Iterable<IntWritable> v3,
Context context)
         throws IOException, InterruptedException {
        int total = 0;
        for(IntWritable v2:v3) {
            total = total + v2.get();
```

```
        }

        //输出：构造一个 Put 对象，把单词作为 rowkey
        Put put = new Put(Bytes.toBytes(k3.toString()));

        //输出单词出现的频率
        put.addColumn(Bytes.toBytes("content"), Bytes.toBytes("info"),
                Bytes.toBytes(String.valueOf(total)));

        //ImmutableBytesWritable 表示 rowkey
        context.write(new ImmutableBytesWritable(
Bytes.toBytes(k3.toString())), put);
    }
}
```

(5) 开发主程序。

```
public static void main(String[] args) throws Exception {
    Configuration conf = new Configuration();
    //指定 ZooKeeper 的地址
    conf.set("hbase.zookeeper.quorum", "bigdata111");

    Job job = Job.getInstance(conf);
    job.setJarByClass(WordCountMain.class);

    //通过扫描器只读取这一个列的数据
    Scan scan = new Scan();
    scan.addColumn(Bytes.toBytes("content"), Bytes.toBytes("info"));

    //指定 Map
    TableMapReduceUtil.initTableMapperJob(
"word",                      //输入表
                scan,                //扫描器
                WordCountMapper.class,  //Mapper Class
                Text.class,          //Mapper 输出的 Key
                IntWritable.class,   //Mapper 输出的 Value
                job);

    //指定 Reducer
    TableMapReduceUtil.initTableReducerJob(
"stat",                 //输出表
 WordCountReducer.class, //Reducer Class
job);
    //执行任务
    job.waitForCompletion(true);
}
```

(6) 由于 MapReduce 在 Yarn 上运行，要访问 HBase 中的数据，需设置下面的环境变量。

```
export HADOOP_CLASSPATH=$HBASE_HOME/lib/*:$CLASSPATH
```

(7) 将程序打包成 jar 文件，如 testhbase.jar，并上传至 bigdata111。

(8) 执行 MapReduce 任务。

```
hadoop jar testhbase.jar
```

【提示】

由于在主程序代码中已经指定了 HBase 的输入表和输出表,因此可以用 hadoop jar 命令直接执行。但在实际的代码中不应该将输入表和输出表写在代码里,而应该通过参数传递。

(9) 任务执行完成后,登录 hbase shell 查看输出的结果,如图 2-9 所示。

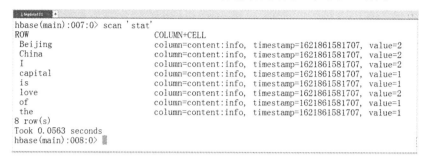

图 2-9　HBase 表中的数据

五、使用 HBase Web Console

与 HDFS 和 Yarn 类似,HBase 也提供了 Web Console 的图形工具用于监控 HBase,默认的端口是 16010。图 2-10 所示为通过浏览器访问 HBase 的 Web Console。该界面包含 Master 节点、Region Servers 列表、用户表和系统表等信息。

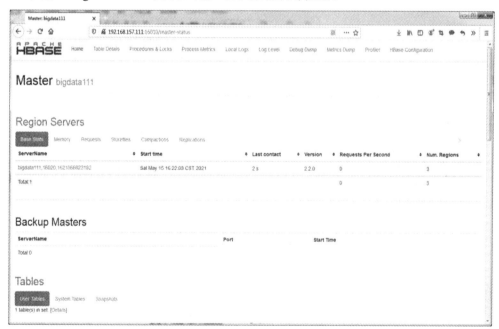

图 2-10　HBase 的 Web 界面

切换到 Tables 中的 System Tables 选项卡,可以查看 HBase 的系统表信息,如图 2-11 所示。

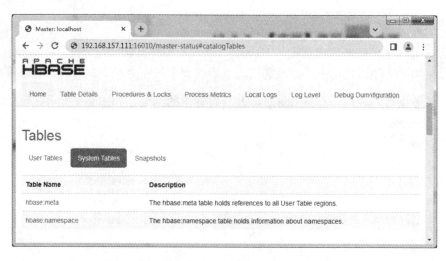

图 2-11　在 Web 页面上查看 HBase 的系统表信息

六、深入 HBase 的存储结构

HBase 的存储结构分为逻辑存储结构与物理存储结构,并且 HBase 通过逻辑存储结构来管理物理存储结构,而最终物理存储对应的文件又是存储在 HDFS 上。因此要深入理解 HBase 的读写机制就必须首先理解 HBase 是如何存储数据的。图 2-12 所示为 HBase 的存储结构。

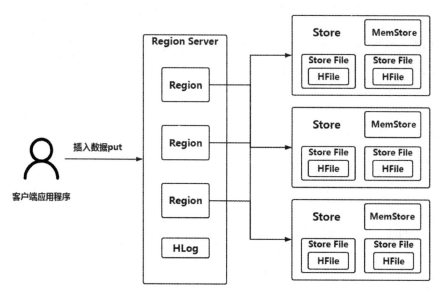

图 2-12　HBase 的存储结构

1. HBase 的逻辑存储结构

HBase 的逻辑存储结构主要包括命名空间(NameSpace)、表(Table)和列族(Column Family)。下面分别进行介绍。

1) 命名空间(NameSpace)

HBase 的命名空间相当于 Oracle 和 MySQL 中的数据库，它是对表的逻辑划分。不同的 HBase 命名空间类似于关系型数据库中的不同的数据库。利用命名空间的逻辑管理功能，可以实现在多租户场景下做到更好的资源和数据隔离。在系统表 hbase:namespace 中保存了所有的命名空间信息，通过下面的语句可以管理和操作 HBase 的命名空间。

(1) 查询系统表 hbase:namespace。

```
> scan 'hbase:namespace'
```

输出的信息如下。

```
ROW           COLUMN+CELL
 defaultcolumn=info:d, timestamp=1631601267690, value=\x0A\x07default
 hbase   column=info:d, timestamp=1631601267862, value=\x0A\x05hbase
2 row(s)
```

【提示】

这里可以看出，在默认的情况下，HBase 存在两个命名空间，即 default 和 hbase。如果没有指定命名空间，新表将在 default 命名空间下创建；而 hbase 命名空间是系统命名空间，一般不用于普通操作。

查看命名空间也可以通过执行 list_namespace 命令实现，例如：

```
> list_namespace
```
输出的信息如下：
```
NAMESPACE
default
hbase
2 row(s)
```

(2) 创建一个新的命名空间 mydemo，并在 mydemo 命名空间中创建一张新表。

```
> create_namespace 'mydemo'
> create 'mydemo:table1','info'
```

(3) 查看命名空间 mydemo 中的表。

```
> list_namespace_tables 'mydemo'
```

输出的信息如下。

```
TABLE
table1
1 row(s)
```

2) 表(Table)

HBase 的表对应于关系型数据库中的一张表，HBase 以表为单位组织数据，表由多行组成。每一行由一个 RowKey 和多个列族组成。RowKey 用于唯一标识一条记录。不同行的 RowKey 可以重复，但相同的 RowKey 表示同一条记录。为了加快查询数据的速度，HBase 表中的所有行都按照 RowKey 的字典顺序进行排列。

表在行的方向上分割为多个 Region，而 Region 是 HBase 中分布式存储和负载均衡的最小单元。因此在同一个 Region Server 上可能保存了不同的 Region，但一个 Region 只能属于一个 Region Server。Region 按大小分割，而表中每一行只能属于一个 Region。随着数据不断插入表，会使得 Region 不断增大。当 Region 中的某个列族达到一个阈值时就会分成两个新的 Region，分裂后每一个新的 Region 大小是原来 Region 的一半。

3) 列族(Column Family)

由于表中的一行上可能存在多个列族，因此 Region 可以被进一步地划分。每一个 Region 由一个或多个 Store 组成，HBase 会把一起访问的数据放在一个 Store 里面，即一行上有几个列族，也就有几个 Store。一个 Store 由一个 MemStore 和多个 Store File 组成。

列族中包含列，列不需要事先创建。若插入数据时没有该列，HBase 会自动创建列；列又由单元格组成。

【提示】

MemStore 是 HBase 的写缓存，用于保存修改的数据。当 MemStore 的大小达到一个阈值时，HBase 会用一个线程来将 MemStore 中的数据刷新到 HBase 的数据文件中并生成一个快照。这个快照就是 Store File。

2. HBase 的物理存储结构

HBase 的物理存储结构主要包括 Store File、HFile 和 HLog 日志。

1) 数据文件 HFile

HBase 会定时刷新 MemStore 中的数据从而生成 Store File。Store File 又是以 HFile 的格式保存在 HDFS 上。因此，从根本上说，HBase 的物理存储结构指的是 HFile。

通过下面的方式可以查看员工表 emp 所对应的 HFile。

(1) 执行 HDFS 命令查看表 emp 对应的 HDFS 目录。

```
hdfs dfs -lsr /hbase/data/default/emp
```

输出的信息如下。

```
/hbase/data/default/emp/.tabledesc
/hbase/data/default/emp/.tabledesc/.tableinfo.0000000001
/hbase/data/default/emp/.tmp
/hbase/data/default/emp/459580d88e589ba8194336a7c578876f
/hbase/data/default/emp/459580d88e589ba8194336a7c578876f/.regioninfo
/hbase/data/default/emp/459580d88e589ba8194336a7c578876f/info
/hbase/data/default/emp/459580d88e589ba8194336a7c578876f/info/da157b802d4f
41849363fda1956926bd
/hbase/data/default/emp/459580d88e589ba8194336a7c578876f/money
/hbase/data/default/emp/459580d88e589ba8194336a7c578876f/money/ba4e83b1887
144d588f71cfec7a437c3
```

(2) 查看 emp 表上 info 列族的数据信息。

```
hbase hfile -p -f
/hbase/data/default/emp/459580d88e589ba8194336a7c578876f/info/da157b802d4f
41849363fda1956926bd
```

输出的信息如下。

```
K: 7369/info:deptno/1649559894497/Put/vlen=2/seqid=4 V: 20
K: 7369/info:ename/1649559894497/Put/vlen=5/seqid=4 V: SMITH
K: 7369/info:hiredate/1649559894497/Put/vlen=10/seqid=4 V: 1980/12/17
K: 7369/info:job/1649559894497/Put/vlen=5/seqid=4 V: CLERK
K: 7369/info:mgr/1649559894497/Put/vlen=4/seqid=4 V: 7902
K: 7499/info:deptno/1649559894497/Put/vlen=2/seqid=4 V: 30
K: 7499/info:ename/1649559894497/Put/vlen=5/seqid=4 V: ALLEN
K: 7499/info:hiredate/1649559894497/Put/vlen=9/seqid=4 V: 1981/2/20
K: 7499/info:job/1649559894497/Put/vlen=8/seqid=4 V: SALESMAN
K: 7499/info:mgr/1649559894497/Put/vlen=4/seqid=4 V: 7698
K: 7521/info:deptno/1649559894497/Put/vlen=2/seqid=4 V: 30
K: 7521/info:ename/1649559894497/Put/vlen=4/seqid=4 V: WARD
K: 7521/info:hiredate/1649559894497/Put/vlen=9/seqid=4 V: 1981/2/22
K: 7521/info:job/1649559894497/Put/vlen=8/seqid=4 V: SALESMAN
K: 7521/info:mgr/1649559894497/Put/vlen=4/seqid=4 V: 7698
K: 7566/info:deptno/1649559894497/Put/vlen=2/seqid=4 V: 20
K: 7566/info:ename/1649559894497/Put/vlen=5/seqid=4 V: JONES
K: 7566/info:hiredate/1649559894497/Put/vlen=8/seqid=4 V: 1981/4/2
......
```

从上面输出的信息可以看出，HFile 是一个 Key-Value 格式的数据存储文件，并最终以二进制的形式存储在 HDFS 上。一个 Store File 对应着一个 HFile。HFile 的格式如图 2-13 所示。

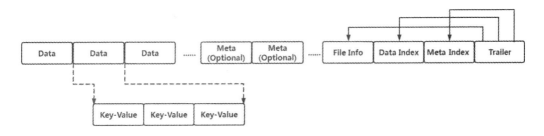

图 2-13　HFile 的格式

从 HFile 的格式可以看出，HFile 分为以下六个部分。

① Data 块：该块保存了表中的数据，并且这部分可以被压缩以节约 HFile 所占用的存储空间。

② Meta 块：该块保存了用户自定义的 Key-Value 数据。与 Data 块一样也可以被压缩，但区别是 Meta 块不是必须存在的。

③ File Info 块：HBase 使用 File Info 块来存储 HFile 的元信息，且这一部分的元信息是不能被压缩的。HBase 也可以利用 File Info 块来存储自定义的元信息数据。

④ Data Index 块：该块包含 Data 块的索引信息。Data 块中的每一条索引信息都会被记录到 Data Index 块的 Key 中。

⑤ Meta Index 块：该块包含 Meta 块的索引信息。

⑥ Trailer 块：Trailer 块保存一个块的偏移量地址，这里的块包括 Data 块、Meta 块、File Info 块、Data Index 块和 Meta Index 块。读取一个 HFile 的数据时，HBase 会首先读取

Trailer 中的信息以确定每一个块的位置。

【提示】

HFile 文件是不定长的,长度固定的只有 Trailer 块和 File Info 块。Trailer 块中由指针指向其他数据块的起始点;而 File Info 块记录了 HFile 文件的一些元信息。在 Data Index 块和 Meta 块中则记录了每个数据块和元数据块的起始位置。

另外,HFile 的 Data 块和 Meta 块通常采用压缩方式存储,压缩之后可以大大减少网络 I/O 和磁盘 I/O,随之而来的开销则是需要花费 CPU 进行压缩和解压缩。

2) 预写日志文件 HLog

HBase 采用预写日志的方式写入数据,在下面小节中将介绍 HBase 写数据的流程。预写日志全称为 Write Ahead Log,简称 WAL。它类似 Oracle 数据库中的 Redo log 或者 MySQL 中的 Binlog。HBase 会将 WAL 日志保存到 HLog 日志文件中,HLog 文件将记录数据的所有变更。一旦数据丢失或者损坏,HBase 就可以从 HLog 中进行恢复。

【提示】

HLog 与 Region Server 相对应,即每个 Region Server 只维护一个 HLog。换句话说,同一个 Region Server 上的 Region 会使用同一个 HLog。这样不同 Region 的 WAL 日志会混在一起。这样做的优点是可以减少磁盘寻址次数,从而提高对表的写性能;但是缺点是如果一台 Region Server 出现故障宕机并下线,为了在其他 Region Server 上执行恢复则需要将 HLog 进行拆分,然后分发到其他 Region Server 上进行恢复,这将增加 HBase 恢复时的复杂度。

既然 HLog 文件保存在 HDFS 上,因此可以直接使用相关的命令来查看。在默认情况下,HLog 文件都被保存到 HDFS 的/hbase/WALs/目录下;而在 HDFS 的/hbase/oldWALs 目录下保存的是已经过期的 WAL 日志。

(1) 使用 HDFS 命令查看目录/hbase/WALs/。

```
hdfs dfs -lsr /hbase/WALs/
```

输出的信息如下。

```
drwxr-xr-x ......
/hbase/WALs/localhost,16020,1649679358560
-rw-r--r-- ......
/hbase/WALs/localhost,16020,1649679358560/localhost%2C16020%2C1649679358560.1649682968518
-rw-r--r-- ......
/hbase/WALs/localhost,16020,1649679358560/localhost%2C16020%2C1649679358560.meta.1649682968557.meta
```

(2) 使用 HBase 提供的命令查看 HLog 日志的内容。

```
hbase wal -j \
/hbase/WALs/localhost,16020,1649679358560/localhost%2C16020%2C1649679358560.1649682968518
```

输出的信息如下。

```
…
position: 600, {
    "sequence": "4",
    "region": "d6def4cd3110ca597ad6057936e2b898",
    "actions": [{
        "qualifier": "ename",
        "vlen": 4,
        "row": "7839",
        "family": "info",
        "value": "KING",
        "timestamp": "1649684058161",
        "total_size_sum": "88"
    }],
    "table": {
        "name": [101, 109, 112],
        "nameAsString": "emp",
        "namespace": [100, 101, 102, 97, 117, 108, 116],
        "namespaceAsString": "default",
        "qualifier": [101, 109, 112],
        "qualifierAsString": "emp",
        "systemTable": false,
        "hashCode": 100552
    }
}
edit heap size: 128
…
```

【提示】

从 HLog 日志中的 actions 可以看出，客户端往列族 info 的 ename 列上插入了一个数据，即 KING。

3. LSM 树与 Compaction 机制

在关系型数据库如 Oracle 和 MySQL 中，一般数据的索引信息在存储结构上基本都是采用 B 树和 B+树。而在 HBase 中则是使用日志结构合并树来存储数据的索引信息。

日志结构合并树的英文名称是 Log Structured Merge Tree，简称 LSM 树。它的本质和 B+树一样都是一种磁盘数据的索引结构。但 LSM 树的索引结构本质是将写入操作全部转化成磁盘的顺序写入，极大地提高了写入操作的性能。但是 LSM 对于读取操作是非常不利的。因为 LSM 树合并了各种索引的信息，从而在读取数据信息时会非常消耗 I/O 资源。因此 HBase 通过减少文件个数的方式来提高读取数据的性能，这就是 HBase 的 Compaction 机制。HDFS 作为 HBase 的底层存储介质，它只支持文件的顺序写操作，而不支持文件的随机写操作；另一方面，HDFS 擅长存储单个的大文件而不擅长存储单个的小文件，因此 HBase 选择 LSM 树作为数据的索引结构就非常合适。

图 2-14 所示为 LSM 的基本原理以及 HBase Compaction 机制执行的过程。

从图 2-14 中可以看出，LSM 树的原理是在内存中维护 N 棵小树用于保存数据的索引信息。当小树在内存中达到一定的阈值后，HBase 会将内存中小树上的数据信息写到磁盘中从而生成若干个小文件，这些小文件最终会被存储在 HDFS 上。前面提到 HDFS 适合存储单个的大文件，因此为了提高读取数据的性能，LSM 树会对在磁盘上生成的小文件进行合并操作。磁盘上的合并操作定期支持,因而最终合并得到一棵大树以优化读取数据的性能。

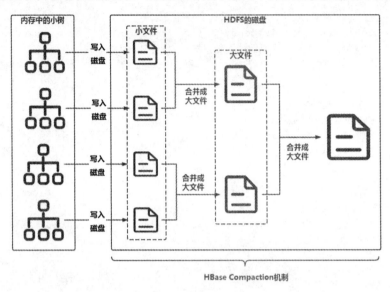

图 2-14   LSM 与 HBase Compaction 机制执行的过程

【提示】

LSM 树的更新操作只在内存中进行,没有磁盘访问。LSM 树通过放弃磁盘读取的性能来换取写入数据的顺序性,并且通过 Compaction 机制减少磁盘 I/O 的访问从而提高性能。为了进一步优化 LSM 树,HBase 还采用了布隆过滤器来快速判断数据在 HBase 中是否存在。只有当数据存在的情况下才会发送 I/O 操作,从而避免了必要的磁盘操作。

七、HBase 读数据流程

HBase 作为列式存储的 NoSQL 数据库非常适合进行海量数据的查询操作。由于 HBase 会基于插入数据的行键 RowKey 进行数据的分布式存储,因此在读取数据的过程中将会从不同的节点读取,从而实现负载均衡的功能。

1. meta 表与读取过程

在 HBase 的系统表 meta 中记录了用户表的信息。因此 HBase 在读取数据时,会先读取 meta 中的信息以获取用户表的信息,进而再读取用户表的数据。

2. HBase 的系统表 meta

要了解 HBase 读取数据的过程,首先需要了解系统表 meta,可以在 HBase 的命名空间找到这张表。执行下面的语句访问表 hbase:meta。

(1) 查看命名空间 HBase 下的表。

```
> list_namespace_tables 'hbase'
```

输出的信息如下。

```
TABLE
meta
namespace
2 row(s)
```

【提示】

在默认情况下，系统命名空间 HBase 下有两张表，即 meta 表与 namespace 表。

(2) 查看表 hbase:meta 的结构。

```
> describe 'hbase:meta'
```

输出的信息如下。

```
Table hbase:meta is ENABLED
hbase:meta, {TABLE_ATTRIBUTES => {IS_META => 'true', REGION_REPLICATION => '1',
coprocessor$1 => '|org.apache.hadoop.hba
se.coprocessor.MultiRowMutationEndpoint|536870911|'}
COLUMN FAMILIES DESCRIPTION
{NAME => 'info',
        VERSIONS => '3', EVICT_BLOCKS_ON_CLOSE => 'false', ......}
{NAME => 'rep_barrier',
        VERSIONS => '2147483647', EVICT_BLOCKS_ON_CLOSE => 'false', ......}
{NAME => 'table',
        VERSIONS => '3', EVICT_BLOCKS_ON_CLOSE => 'false',......}

3 row(s)
```

(3) 获取表 hbase:meta 中的所有行键 rowkey。

```
> count 'hbase:meta', INTERVAL=>1
```

输出的信息如下。

```
Current count: 1, row: dept
Current count: 2, row: dept,,1649505646319......
Current count: 3, row: emp
Current count: 4, row: emp,,1649508315331......
Current count: 5, row: hbase:namespace
Current count: 6, row: hbase:namespace,......
Current count: 7, row: students
Current count: 8, row: students,,......
8 row(s)
```

【提示】

在系统表 meta 中保存了用户创建表的 Region 信息。换句话说，通过查询系统表 meta 中的数据，就可以进一步查询到用户表 Region 信息。meta 表中数据的格式类似于 B 树，包含两部分值，即用户表的 Region 的起始键和对应的 Region Server，而 meta 的信息会被记录在 ZooKeeper 中。

3. Base 读取数据的过程

当用户想要从 HBase 中查询数据时，以下步骤将会被执行。

（1）客户端从 ZooKeeper 中读取 meta 表中存储 Region 的 Region Server 信息。

（2）客户端从对应的 Region Server 上读取 meta 表的数据，这些数据其实代表的就是存储用户表 Region 的 Region Server 信息。

（3）客户端根据 RowKey 与用户表的 Region 所在的 Region Server 通信，并首先从 Region Server 的 Block Cache 读缓存中读取数据，如果读缓存中没有需要的数据，再读取 HFile，最终实现对该行的读操作。

HBase 整个读取数据的过程如图 2-15 所示。

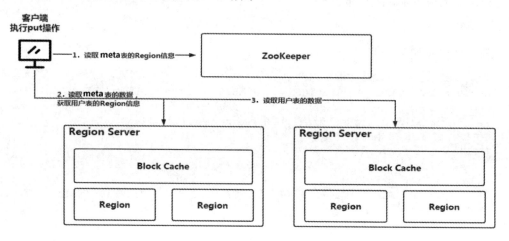

图 2-15　HBase 读取数据的过程

4．读合并与读放大的过程

读合并表示 HBase 在读取数据的时候会从不同的位置读取。因为 HBase 中某一行的数据可能位于多个不同的 HFile 中，并且在 MemStore 写缓存中也可能存在新写入或者更新的数据；而在 Block Cache 中又保存了最近读取的数据。因此，当我们读取某一行的时候，为了返回相应的行数据，HBase 需要读取不同的位置，这个过程就叫作读合并。图 2-16 所示为读合并的整个过程。

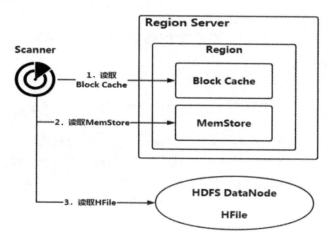

图 2-16　HBase 读合并的过程

读合并的具体读取过程如下。

(1) HBase 会首先从 Block Cache 读缓存中读取所需的数据。

(2) HBase 会从 MemStore 写缓存中读取数据。因为作为 HBase 的写缓存，MemStore 中包含最新版本的数据。

(3) 如果在读缓存和写缓存中都没有所需要的数据，那么 HBase 会从相应的 HFile 中读取数据。

另一方面，因为一个 MemStore 对应的数据可能存储于多个不同的 HFile 中(这是由于多次 Flush 的原因)，因此在进行读操作的时候，HBase 可能需要读取多个 HFile 来获取想要的数据。这个过程就是读放大的过程，这个过程会影响 HBase 的性能。

八、HBase 写数据流程

与 Oracle 和 MySQL 类似，HBase 在写入数据的时候也是先写入日志。只要预写日志 WAL 写入成功，客户端写入数据就成功，如图 2-17 所示。

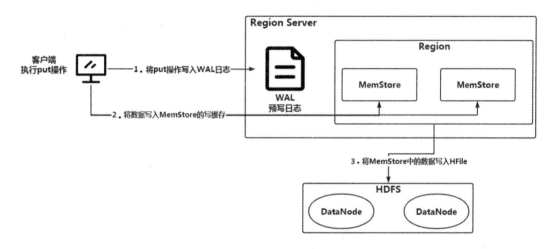

图 2-17　HBase 导入数据的过程

当 HBase 的客户端发出一个写操作请求时，也就是执行 put 操作，HBase 进行处理的第一步是将数据写入 HBase 的 WAL 中。WAL 文件是顺序写入的，也就是所有新写入的日志会被写到 WAL 文件的末尾。当日志被成功写入 WAL 后，HBase 将数据写入 MemStore。如果此时 MemStore 出现了问题，写入的数据会丢失。这时候 WAL 就可以用来恢复尚未写入 HBase 中的数据。当 MemStore 中的数据达到一定的量级后，HBase 会执行 Flush 操作将内存中的数据一次性地写入 HFile 中。

【提示】

当 HBase 执行 Flush 操作将内存中的数据写入 HFile 后，便可以清空 WAL 的预写日志。但是在生产环境中，一般建议保留所有的 WAL 日志。这样做的目的是当 HFile 数据文件丢失或者损坏后，可以使用 WAL 日志来进行数据的恢复。

九、Region 的管理

Region 是 HBase 集群实现负载均衡和数据分发的最基本单元。当 HBase 表中的数据量不断增大时，就需要将表中的数据根据 RowKey 的值分布到多台机器上。因此，HBase 集群拥有一套完善的机制用于管理 Region。

1. Region 的状态

Region 存储在 Region Server 上，并且可以拥有多种不同的状态。理解 HBase 的 Region 状态转换，对于掌握 HBase 的运行机制极为重要。尤其对于平台架构师和平台运维工程师来说，都是一项必不可少的技能。图 2-18 所示为 HBase 官方提供的 Region 状态的转换过程。

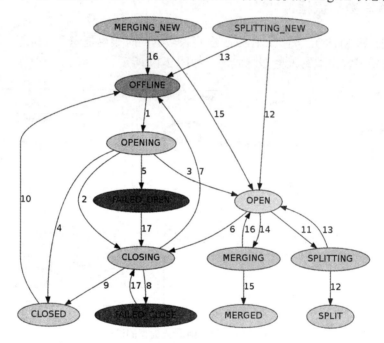

图 2-18　Region 状态的转换过程

表 2-2 详细解释了 Region 的各种状态以及它们的含义。

表 2-2　Region 的状态及其含义

状　态	说　明
OFFLINE	表示 Region 是下线状态，而且不能访问
OPENING	表示 Region 正处于被打开的执行状态，但是还不能访问
OPEN	表示 Region 此时已经开放，可以执行正常的访问
FAILED_OPEN	Region Server 在打开 Region 时失败
CLOSING	Region Server 正在关闭 Region
FAILED_CLOSED	Region Server 关闭 Region 失败
SPLITTING	Region 正在被分裂

续表

状　态	说　明
SPLIT	Region 完成分裂
SPLITTING_NEW	Region Server 正在创建 Region
MERGED	Region Server 已经完成 Region 的合并
MERGING_NEW	Region Server 正在通过合并方式创建 Region

通过执行下面的语句可以检查 HBase 集群中 Region 的状态信息。

```
hbase hbck
```

输出的信息如下。

```
HBaseFsck command line options:
Version: 2.2.0

Number of live region servers: 1
Number of dead region servers: 0
Master: localhost,16000,1649809865210
Number of backup masters: 0
Average load: 3.0
Number of requests: 22
Number of regions: 3
Number of regions in transition: 0

Number of empty REGIONINFO_QUALIFIER rows in hbase:meta: 0
Number of Tables: 2

Summary:
Table hbase:meta is okay.
    Number of regions: 1
    Deployed on: localhost,16020,1649809867582
Table hbase:namespace is okay.
    Number of regions: 1
    Deployed on: localhost,16020,1649809867582
Table students is okay.
    Number of regions: 1
    Deployed on: localhost,16020,1649809867582
0 inconsistencies detected.
Status: OK
```

【提示】

如果要检查 Region 状态的详细信息可以使用下面的命令:

hbase hbck -details

2. Region 的拆分过程

Region 的拆分是 HBase 能够拥有良好扩展性的最重要因素。一旦 Region 的负载过大或者超过阈值，就会被分裂成两个新的 Region，而分裂后的每一个 Region 的大小是原 Region 大小的一半。Region 的拆分过程如图 2-19 所示。

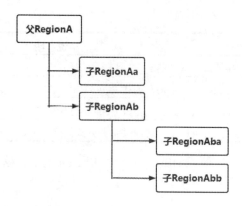

图 2-19　Region 的拆分过程

Region 的拆分过程是由 Region Server 完成的，其拆分的过程如下。

（1）将需要拆分的 Region 下线，使客户端无法访问该 Region。

（2）将需要拆分的 Region 拆分成两个子 Region。先在父 Region 下建立两个引用文件，分别指向父 Region 的起始位置和结束位置。

（3）在 HDFS 上建立两个子 Region 对应的目录，分别复制第(2)步中建立的两个引用文件，直到每个子 Region 的大小分别是父 Region 大小的一半。

（4）完成子 Region 创建后删除引用文件，并向 hbase:meta 表发送新产生的子 Region 的元数据信息。

（5）将 Region 的拆分信息更新到 HMaster，并且将每个子 Region 上线。

3. Region 的合并过程

Region 的拆分使得数据能够分布式地存储在 Region Server 上。但是如果在 Region Server 上存在过多的 Region，而每一个 Region 又维护了一块 MemStore 的写缓存。这时就会频繁地出现数据从内存被刷新到 HFile 的操作，从而会对用户请求产生较大的影响，严重时会阻塞 Region Server 上的操作，并增加 ZooKeeper 的负担。因此，当 Region Server 中的 Region 数量到达设定的阈值时，Region Server 就会发起 Region 的合并操作。

Region 合并的过程如下。

（1）Region Server 发送 Region 合并请求给 HMaster，并执行 Region 合并的操作。

（2）HMaster 在 Region Server 上把相关的 Region 移到一起，并发起一个 Region 合并操作的任务给 Region Server。

（3）Region Server 将准备合并的 Region 下线，然后将其进行合并。

（4）HMaster 从 hbase:meta 表中删除被合并的 Region 元数据，并写入合并后的新 Region 元数据。

（5）Region Server 将合并后的新 Region 设置为上线状态并接受客户端访问。

4. Region 的负载均衡

当 Region 被拆分后，每一个 Region Server 上存在的 Region 数量可能不一致。此时，HMaster 便会执行负载均衡来调整部分 Region 的位置，将其定位到新的 Region Server 上。这样做的目的是使每个 Region Server 上的 Region 数量保持在合理的范围。因此，Region 的负载均衡会引起 Region 的重新分布从而加重网络的开销。

【提示】

在默认情况下，HMaster 会每隔 5 分钟调用一次内置的负载均衡器，判断 Region 是否需要重新进行定位。

在判断某一个表的 Region 是否需要进行重新定位时，HBase 会使用集群负载评分的算法分别从 Region Server 上的 Region 数目、表的 Region 数目、MemStore 的消息、StoreFile 的大小和数据本地性等几个维度来对集群进行评分。评分越高代表集群的负载越不合理，此时就需要进行 Region 的重新定位。

十、HBase 的内存刷新策略

当 MemStore 的大小达到一个阈值时，HBase 会用一个线程将 MemStore 中的数据刷新到 HBase 的数据文件中生成一个快照，而这个快照就是 Store File。HBase 的内存刷新机制如图 2-20 所示。

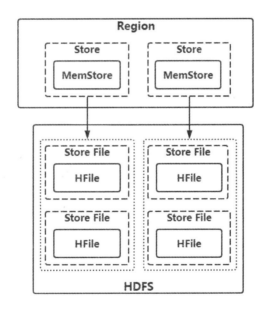

图 2-20　HBase 的内存刷新机制

HBase 制定了一系列的内存刷新策略用于规定内存何时将数据写入 Store File 中，这些策略包括 Region Server 级别的刷新策略、Region 级别的刷新策略、按照时间决定的刷新策略和依据 WAL 文件数量的刷新策略。下面分别进行介绍。

1. Region Server 级别的刷新策略

通过参数 hbase.regionserver.global.memstore.size 配置 Region Server 级别的刷新策略。在默认情况下，当一个 Region Server 中所有的 MemStore 之和最大达到 Java 堆内存的 40% 时，就会阻塞客户端的写操作。此时 Region Server 会将所有的 MemStore 中的数据刷新到 Store File。

下面是关于参数 hbase.regionserver.global.memstore.size 的说明。

```
<property>
<name>hbase.regionserver.global.memstore.size</name>
<value></value>
<description>
Maximum size of all memstores in a region server before new updates are blocked
and flushes are forced.
Defaults to 40% of heap(0.4).
Updates are blocked and flushes are forced until size of all memstores in a
region server hits
 hbase.regionserver.global.memstore.size.lower.limit.
The default value in this configuration has been intentionally left emtpy in
order to honor the old hbase.regionserver.global.memstore.upperlimit property
if present
</description>
</property>
```

【提示】

Region Server 级别的刷新策略会使整个 Region Server 上所有的 MemStore 都刷新数据，但实际情况下可能存在某些 MemStore 并没有多少数据要刷新，因此会造成资源的浪费。

2. Region 级别的刷新策略

为了解决 Region Server 级别的刷新策略存在的问题，HBase 也支持 Region 级别的刷新策略，通过参数 hbase.hregion.memstore.flush.size 决定单个 Region 何时开始刷新内存中的数据，即单个 Region 中的 MemStore 超过默认值 128MB。下面是关于该参数的详细说明。

```
<property>
<name>hbase.hregion.memstore.flush.size</name>
<value>134217728</value>
<description>
Memstore will be flushed to disk if size of the memstore
exceeds this number of bytes. value is checked by a thread
that runs every hbase.server.thread.wakefrequency.
</description>
</property>
```

当 HBase 执行 Region 级别的刷新时会阻塞客户端的写入操作。因此与 Region 级别的刷新策略相关的一个参数是 hbase.hregion.memstore.block.multiplier。下面是关于该参数的详细信息。

```
<property>
<name>hbase.hregion.memstore.block.multiplier</name>
<value>4</value>
<description>
Block updates if memstore has
hbase.hregion.memstore.block.multiplier times
hbase.hregion.memstore.flush.size bytes.
<description>
</property>
```

从参数 hbase.hregion.memstore.block.multiplier 的描述信息中可以看出，当 Region 中

所有的 MemStore 数据量超过 hbase.hregion.memstore.block.multiplier 与 hbase.hregion.memstore.flush.size 的乘积时，HBase 就会阻塞客户端的写操作。

3. 按照时间决定的刷新策略

HBase 内存刷新的时机不仅可以由数据量决定，也可以由时间来触发。因为有的时候数据量并不大，可能很长时间都达不到刷新的要求，那么就需要时间来触发刷新的时机。按照时间决定的刷新策略由参数 hbase.regionserver.optionalcacheflushinterval 决定。下面是关于该参数的详细信息。

```
<property>
<name>hbase.regionserver.optionalcacheflushinterval</name>
<value>3600000</value>
<description>
Maximum amount of time an edit lives in memory before
being automatically flushed.
Default 1 hour. set it to 0 to disable automatic flushing.
</description>
</property>
```

在默认情况下，HBase 每隔 1 个小时执行一次内存的刷新。当该参数值为 0 时，则表示禁用 HBase 基于时间的自动内存刷新。

4. 依据 WAL 文件数量的刷新策略

HBase 使用预写日志 WAL 来保证数据写入的安全。如果 WAL 对应的 HLog 文件数量越来越多，意味着 MemStore 中未持久化到数据文件 HFile 的数据也越来越多。当 Region Server 宕机的时候，恢复时间将会变长。因此 HBase 也支持依据 WAL 文件数量的刷新策略。这种策略方式是由参数 hbase.regionserver.max.logs 决定的，其默认值是 32。但在最新版本的 HBase 中已经废弃了该属性。

十一、深入 HBase RowKey

HBase 通过 RowKey 可以唯一确定表中的记录。在 HBase 中快速定位数据依靠布隆过滤器来实现，而布隆过滤器则是通过 RowKey 来判断数据是否存储。因此 RowKey 设计的好与坏也将直接决定查询速度。

1. RowKey 的设计原则

访问 HBase 表中的记录可以通过以下三种不同的方式。
(1) 通过 get 方式使用单个 RowKey 访问表中的某条记录。
(2) 通过 scan 方式使用 RowKey 的范围扫描，访问表中的相关记录。
(3) 通过全表扫描访问整张表中的所有行记录。
不管采用哪一种方式都需要用到 RowKey，因此 RowKey 的设计直接关乎 Region 的划分和存储。具体来说，RowKey 在设计过程中应当遵循以下基本原则。
1) 长度原则
RowKey 是一个二进制格式的数据流，最大长度可以是 64KB。在实际运用中，建议将

RowKey 设计成定长的字节数组，并且越短越好。因为 RowKey 在 HFile 中也是作为 Key-Value 结构中的一部分进行存储，RowKey 太长会极大影响 HFile 的存储效率。

另一方面，HBase 中存在读缓存(Block Cache)和写缓存(MemStore)，如果 RowKey 字段过长会造成内存的有效利用率降低，从而使得系统不能缓存更多的数据，这样会降低检索数据的效率。

最后，部署 HBase 的服务器一般都是 64 位的系统。为了提高寻址效率，可以把存储 RowKey 的字节数组长度设置成 8 或者 8 的整数倍。

2) 散列原则

当向表中插入数据时，HBase 会根据 RowKey 进行哈希运算，然后将数据尽量均匀地分布到各个 Region Server 上，从而实现数据的分布式存储。因此在设计 RowKey 时尽量将分散效果好的字段放在 RowKey 的前面，而将分散效果不好的字段放在 RowKey 的后面。这样就可以提高数据在 Region Server 上分布式存储的均衡效果。

3) 唯一原则

由于 RowKey 的作用相当于关系型数据库的主键，因此在设计 RowKey 时必须考虑其唯一性以方便使用 RowKey 唯一标识一行记录。

4) 排序原则

RowKey 是按照字典顺序存储的。因此在设计 RowKey 的时候，要充分利用这个排序的特点把经常读取的数据存储到一起。HBase 在实际存储时就会将这些数据存储到一个 Region 中。

2. HBase 表的热点

在 HBase 中查询数据时需要通过 RowKey 来定位数据行。当大量的客户端应用程序访问 HBase 集群中的一个或少数几个 Region Server 时，就会造成个别节点的读写请求过多、负载过大的情况。情况严重时会影响整个 HBase 集群的性能，这种现象就是热点。

因此在 HBase 集群的运行过程中应当尽量避免 HBase 集群产生热点，常用的方法主要有以下几种。

(1) 预分区。预分区的目的是让表的数据可以均衡地分散在 HBase 集群中，而不是只分布在某一个 Region Server 的 Region 上。

(2) 加盐。由于 HBase 会根据 RowKey 的哈希运算结果来决定数据的分布式存储，因此可以在 RowKey 的前面增加一些随机数，以使得它和之前的 RowKey 的开头不同，从而实现更好的数据分布效果。

(3) 哈希。基于 RowKey 的完整或者部分数据进行哈希运算，然后用哈希运算的结果替换原 RowKey 中全部或者部分的前缀来实现更好的分布式效果。但是这样的方式所带来的缺点就是不利于数据的扫描读取。

(4) 反转。若 RowKey 的尾部数据呈现了良好的随机性，则可以考虑将 RowKey 的信息反转从而达到更好的分布式存储效果。例如，当使用手机号作为 RowKey 时，就可以将其反转后再作为 RowKey。反转后的手机号比使用正常顺序的手机号作为 RowKey 能够得到更好的数据分布式存储效果。

十二、使用 Bulk Loading 导入数据

HBase 底层的数据文件是 HFile，采用 Bulk Loading 的方式可以直接生成 HBase 底层能够识别的文件，然后再将这些生成的文件加载到 HBase 的表中。整个加载的过程执行的其实是一个 MapReduce 任务，这个过程比直接采用 HBase Put API 批量加载高效得多，并且不会过度消耗集群数据传输所占用的带宽。另一方面，通过 Bulk Loading 的方式也能够更加高效稳定地加载海量数据。

使用 Bulk Loading 可以分为两个步骤：首先，使用 HBase 自带的 importtsv 工具，将数据生成为 HBase 底层能够识别的 StoreFile 文件格式；其次，通过 completebulkload 工具将生成的文件移动并热加载到 HBase 表中。

下面通过具体的示例演示 Bulk Loading 的使用方法。这里使用 emp.csv 文件来创建员工表。

```
7369,SMITH,CLERK,7902,1980/12/17,800,0,20
7499,ALLEN,SALESMAN,7698,1981/2/20,1600,300,30
7521,WARD,SALESMAN,7698,1981/2/22,1250,500,30
7566,JONES,MANAGER,7839,1981/4/2,2975,0,20
7654,MARTIN,SALESMAN,7698,1981/9/28,1250,1400,30
7698,BLAKE,MANAGER,7839,1981/5/1,2850,0,30
7782,CLARK,MANAGER,7839,1981/6/9,2450,0,10
7788,SCOTT,ANALYST,7566,1987/4/19,3000,0,20
7839,KING,PRESIDENT,-1,1981/11/17,5000,0,10
7844,TURNER,SALESMAN,7698,1981/9/8,1500,0,30
7876,ADAMS,CLERK,7788,1987/5/23,1100,0,20
7900,JAMES,CLERK,7698,1981/12/3,950,0,30
7902,FORD,ANALYST,7566,1981/12/3,3000,0,20
7934,MILLER,CLERK,7782,1982/1/23,1300,0,10
```

(1) 使用 hbase shell 创建表 empbulk。

```
> create 'empbulk','info','money'
```

(2) 将数据文件 emp.csv 放到 HDFS 上。

```
hdfs dfs -mkdir /scott
hdfs dfs -put emp.csv /scott
```

(3) 使用 HBase 提供的 importtsv 命令生成 HFile。

```
hbase org.apache.hadoop.hbase.mapreduce.ImportTsv \
-Dimporttsv.columns=HBASE_ROW_KEY,info:ename,info:job,info:mgr,info:hireda
te,money:sal,money:comm,info:deptno \
-Dimporttsv.separator="," \
-Dimporttsv.bulk.output=hdfs://bigdata111:9000/bulkload/empoutput \
empbulk \
hdfs://bigdata111:9000/scott/emp.csv
```

【提示】

-Dimporttsv.columns 表示 csv 文件中每一行的第一个元素作为 RowKey，第二个元素作为 ename，以此类推。

(4) 使用 BulkLoad 命令完成 HFile 数据装载。

```
hbase org.apache.hadoop.hbase.mapreduce.LoadIncrementalHFiles \
hdfs://bigdata111:9000/bulkload/empoutput \
empbulk
```

(5) 在 hbase shell 中执行查询命令验证导入的数据，如图 2-21 所示。

```
> scan 'empbulk'
```

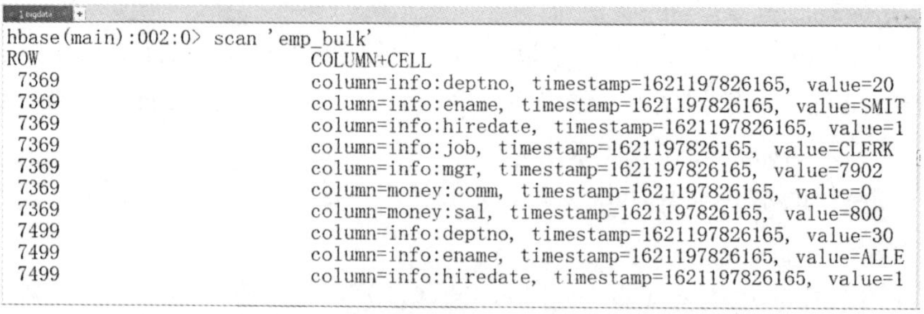

图 2-21　执行查询命令验证导入数据

【任务实施】

掌握了 HBase 的体系架构与操作后，下面将通过使用 Bulk Loading 的方式将电商平台订单数据上传到 HBase 的表中。

【提示】

salesnew.csv 文件为电商平台订单数据，其中包含 918 560 条订单数据。

以下是具体的操作步骤。

(1) 使用 hbase shell 创建表 empbulk。

```
> create 'ORDERS','INFO'
```

【提示】

由于在任务二中需要使用 Phoenix 访问 HBase 中的数据。因此，在创建 HBase 表的时候，表名和列族名称需要大写。

(2) 将数据文件 emp.csv 放到 HDFS 上。

```
hdfs dfs -mkdir /orders
hdfs dfs -put salesnew.csv /orders
```

(3) 使用 HBase 提供的 importtsv 命令生成 HFile。

```
hbase org.apache.hadoop.hbase.mapreduce.Importtsv \
-Dimporttsv.columns=HBASE_ROW_KEY,INFO:PROD_ID,INFO:CUST_ID,INFO:TIME_ID,INFO:CHANNEL_ID,INFO:PROMO_ID,INFO:QUANTITY_SOLD,INFO:AMOUNT_SOLD \
-Dimporttsv.separator="," \
-Dimporttsv.bulk.output=hdfs://localhost:9000/bulkload/orderoutput \
```

```
ORDERS \
hdfs://localhost:9000/orders/salesnew.csv
```

【提示】

-Dimporttsv.columns 表示 csv 文件中每一行的第一个元素作为 RowKey，第二个元素作为 INFO:PROD_ID，以此类推。

(4) 使用 BulkLoad 命令完成 HFile 数据装载。

```
hbase org.apache.hadoop.hbase.mapreduce.LoadIncrementalHFiles \
hdfs://localhost:9000/bulkload/orderoutput \
ORDERS
```

(5) 统计 ORDERS 表中的记录数据，结果如图 2-22 所示。

```
hbase(main):004:0> count 'ORDERS'
```

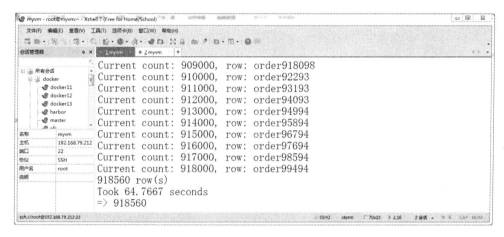

图 2-22　统计订单表中的记录数据

(6) 查询订单号为'order12345'的订单数据，结果如图 2-23 所示。

```
> get 'ORDERS','order12345'
```

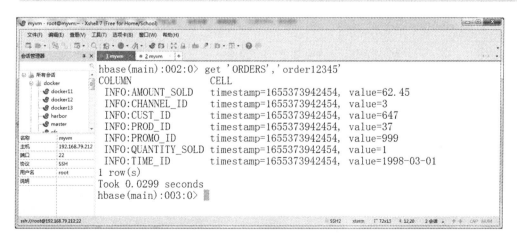

图 2-23　查询订单数据

【任务检查与评价】

完成任务实施后，进行任务检查与评价，具体的检查评价内容如表 2-3 所示。

表 2-3　任务检查评价表

项目名称	电商平台订单数据分析与处理			
任务名称	准备项目数据与环境			
评价方式	可采用自评、互评、教师评价等方式			
说明	主要评价学生在项目学习过程中的操作技能、理论知识、学习态度、课堂表现、学习能力等			
评价内容与评价标准				
序号	评价内容	评价标准	分值	得分
1	知识运用 (20%)	掌握相关理论知识，理解本次任务要求，制订详细计划，计划条理清晰，逻辑正确(20 分)	20 分	
		理解相关理论知识，能根据本次任务要求制订合理计划(15 分)		
		了解相关理论知识，有制订计划(10 分)		
		无制订计划(0 分)		
2	专业技能 (40%)	结果验证全部满足(40 分)	40 分	
		结果验证只有一个功能不能实现，其他功能全部实现(30 分)		
		结果验证只有一个功能实现，其他功能全部没有实现(20 分)		
		结果验证功能均未实现(0 分)		
3	核心素养 (20%)	具有良好的自主学习能力和分析解决问题的能力，整个任务过程中有指导他人(20 分)	20 分	
		具有较好的学习能力和分析解决问题的能力，任务过程中无指导他人(15 分)		
		能够主动学习并收集信息，有请教他人解决问题的能力(10 分)		
		不主动学习(0 分)		
4	课堂纪律 (20%)	设备无损坏，无干扰课堂秩序(20 分)	20 分	
		无干扰课堂秩序(10 分)		
		干扰课堂秩序(0 分)		

【任务小结】

在本次任务中，学生需要将电商平台的订单数据存入 HBase 中，从而掌握 HBase 的命令行操作方式和 HBase 提供的 Java API 接口。

本任务的思维导图如图 2-24 所示。

图 2-24　任务一思维导图

【任务拓展】

HBase 作为 NoSQL 数据库中的一员，除了最基本的数据存取功能以外还提供了很多的特性，包括数据的多版本、快照、批量加载数据、备份与恢复数据；同时，HBase 也支持用户权限管理和主从复制的功能。下面分别进行介绍。

一、使用多版本保存数据

HBase 支持多版本的数据管理。在 HBase 0.96 之前，HBase 表的单元格默认可以保存 3 个值，即 3 个版本。而在 HBase 0.96 之后，将版本值改为了 1 个。如果一个单元格上存在多个版本的数据，如何区分这些不同的值呢？在 HBase 底层存储数据的时候，由于采用了时间戳排序，因此插入的每条数据都会附上对应的时间戳，通过这样的方式就可以达到区分的目的。如果在查询数据的时候不指定时间戳，默认查询的是版本最新的数据。

下面通过具体的示例来演示 HBase 的多版本特性。

(1) 创建 multiversion_table 表，并查看表结构。

```
> create 'multiversion_table','info','grade'
> describe 'multiversion_table'
```

输出的信息如下。

```
Table multiversion_table is ENABLED
multiversion_table
COLUMN FAMILIES DESCRIPTION
{NAME => 'grade', VERSIONS => '1',......}
{NAME => 'info', VERSIONS => '1', ......}

2 row(s)
```

【提示】

从这里的表结构中可以看出，VERSIONS 值为 1。换句话说，默认情况下只会存取一个版本的列数据。当再次插入数据的时候，后面的值会覆盖前面的值。

(2) 修改表结构，让 HBase 表能够存储 3 个不同版本的数据。

```
> alter 'multiversion_table',{NAME=>'grade','VERSIONS'=>3}
```

(3) 在 grade 列族上插入 3 条数据。

```
> put 'multiversion_table','s01','grade:math','59'
```

```
> put 'multiversion_table','s01','grade:math','60'
> put 'multiversion_table','s01','grade:math','85'
```

【提示】

这里插入的 3 条数据使用了相同的行键 RowKey，因此它们其实是同一条数据。

(4) 使用 get 命令查询表中的数据。

```
> get 'multiversion_table','s01','grade:math'
```

输出的信息如下。

```
COLUMN                        CELL
 grade:math                    timestamp=1649513094381, value=85
1 row(s)
```

【提示】

当表中的数据存在多个版本时，默认返回的是最新版本的数据。

(5) 获取所有的版本数据。

```
> get 'multiversion_table','s01',{COLUMN=>'grade:math',VERSIONS=>3}
```

输出的信息如下。

```
COLUMN                        CELL
 grade:math                    timestamp=1649513094381, value=85
 grade:math                    timestamp=1649513088712, value=60
 grade:math                    timestamp=1649513082237, value=59
1 row(s)
```

(6) 往表中接着插入第 4 条数据。

```
> put 'multiversion_table','s01','grade:math','100'
```

(7) 重新获取所有的版本数据。

```
> get 'multiversion_table','s01',{COLUMN=>'grade:math',VERSIONS=>3}
```

输出的信息如下。

```
COLUMN                        CELL
 grade:math                    timestamp=1649513283847, value=100
 grade:math                    timestamp=1649513094381, value=85
 grade:math                    timestamp=1649513088712, value=60
1 row(s)
```

【提示】

从第(7)步的输出结果可以看出，由于表 multiversion_table 中的 grade 列族的版本数设置为 3，当插入第 4 条数据时第 1 条数据会被删除。

二、使用 HBase 的快照

HBase 在 0.94 版本开始提供了快照功能，并且从 HBase 0.95 版本以后默认开启快照功能。与 HDFS 的快照类似，HBase 的快照也是一种数据备份的方式。如果表中的数据发生了损坏，可以使用快照进行恢复。

HBase 的快照是进行数据迁移的最佳方式。因为如果直接对原表进行拷贝操作，会对 Region Server 产生影响。HBase 的快照允许管理员不复制数据而直接克隆一张表，这对服务器产生的影响最小。将快照导出至其他集群不会直接影响任何服务器，导出的只是带有一些额外逻辑的群间数据同步。例如，下面的语句将通过快照将表中的数据迁移到新的 HBase 集群中。

```
hbase snapshot export --snapshot 快照名\
--copy-to hdfs://bigdata112:9000/newhbase
```

下面通过具体的操作演示如何在 HBase Shell 中使用 HBase 的快照。

(1) 创建 testsnapshot_table 表，并往表中插入数据。

```
> create 'testsnapshot_table','info'
> put 'testsnapshot_table','u001','info:name','Tom'
> put 'testsnapshot_table','u002','info:name','Mary'
> put 'testsnapshot_table','u003','info:name','Mike'
```

(2) 为 testsnapshot_table 表生成第一个快照。

```
> snapshot 'testsnapshot_table','testsnapshot_table_01'
```

(3) 在 testsnapshot_table 表中再次插入数据。

```
> put 'testsnapshot_table','u004','info:name','Jone'
```

(4) 为 testsnapshot_table 表生成第二个快照。

```
> snapshot 'testsnapshot_table','testsnapshot_table_02'
```

(5) 查看所有的快照列表信息。

```
> list_snapshots
```

输出的信息如下。

```
SNAPSHOT                 TABLE + CREATION TIME
 testsnapshot_table_01    testsnapshot_table (2022-04-09 22:18:11 +0800)
 testsnapshot_table_02    testsnapshot_table (2022-04-09 22:18:21 +0800)
2 row(s)
Took 0.0673 seconds
=> ["testsnapshot_table_01", "testsnapshot_table_02"]
```

(6) 克隆快照。

```
> clone_snapshot 'testsnapshot_table_01','testsnapshot_table_new01'
> clone_snapshot 'testsnapshot_table_02','testsnapshot_table_new02'
```

【提示】

克隆快照操作将使用与指定快照相同的结构数据构建一张新表，修改新表不会影响原表。

(7) 查询 testsnapshot_table_new01 和 testsnapshot_table_new02 中的数据。

```
> scan 'testsnapshot_table_new01'
```

输出的信息如下。

```
ROW         COLUMN+CELL
 u001       column=info:name, timestamp=1649513876011, value=Tom
 u002       column=info:name, timestamp=1649513880522, value=Mary
 u003       column=info:name, timestamp=1649513885067, value=Mike
3 row(s)
Took 0.0430 seconds
```

```
> scan 'testsnapshot_table_new02'
```

输出的信息如下。

```
ROW         COLUMN+CELL
 u001       column=info:name, timestamp=1649513876011, value=Tom
 u002       column=info:name, timestamp=1649513880522, value=Mary
 u003       column=info:name, timestamp=1649513885067, value=Mike
 u004       column=info:name, timestamp=1649513897343, value=Jone
4 row(s)
```

(8) 确定表 testsnapshot_table 中的数据。

```
> scan 'testsnapshot_table'
```

输出的信息如下。

```
ROW         COLUMN+CELL
 u001       column=info:name, timestamp=1649513876011, value=Tom
 u002       column=info:name, timestamp=1649513880522, value=Mary
 u003       column=info:name, timestamp=1649513885067, value=Mike
 u004       column=info:name, timestamp=1649513897343, value=Jone
4 row(s)
```

(9) 删除表中的一条数据，以模拟误操作。

```
> delete 'testsnapshot_table','u002','info:name'
```

(10) 使用快照恢复数据。

```
> disable 'testsnapshot_table'
> restore_snapshot 'testsnapshot_table_02'
> enable 'testsnapshot_table'
```

(11) 检查表 testsnapshot_table 中的数据是否恢复。

三、HBase 的访问控制

HBase 的访问控制是通过用户权限来实现的。它是数据库系统中不可缺少的一个部分，不同的用户对数据库功能的需求是不同的。出于安全等因素的考虑，使用数据库需要根据不同的用户需求来定制。关键的、重要的数据库功能需要限制部分用户使用。

1. HBase 的用户和权限

与关系型数据库类似，HBase 也提供了用户和权限管理的功能，可以为不同的用户授予不同的权限。下面的说明摘自 HBase 官网。

```
After hbase-2.x, the default 'hbase.security.authorization' changed. Before
hbase-2.x, it defaulted to true, in later HBase versions, the default became
false. So to enable hbase authorization, the following propertie must be
configured in hbase-site.xml.
```

这里可以看到，要启用 HBase 的用户权限功能，需要在 hbase-site.xml 文件中将 hbase.security.authorization 参数设置为 true。

HBase 的权限控制是通过 Access Controller Coprocessor 协处理器框架实现的，可实现对用户 RWXCA 的权限控制。HBase 支持权限访问控制，HBase 包括以下 5 种权限。

(1) Read(R)：允许对某个 scope 有读取权限。

(2) Write(W)：允许对某个 scope 有写入权限。

(3) Execute(X)：允许对某个 scope 有执行权限。

(4) Create(C)：允许对某个 scope 有建表、删表权限。

(5) Admin(A)：允许对某个 scope 做管理操作，如 balance、split、snapshot 等。

这里的 scope 表示授权的作用范围，包括以下几种。

(1) superuser：超级用户，该用户拥有所有的权限。

(2) global：全局权限，针对所有的 HBase 表都有权限。

(3) namespace：针对特定命名空间下的所有表都有权限。

(4) table：表级别权限。

(5) columnFamily：列族级别权限。

(6) cell：单元格级别权限。

2. HBase 的用户和权限管理

在了解了 HBase 的权限管理的基本知识后，下面通过具体的示例来演示如何在 HBase 中使用用户和权限进行访问控制。

(1) 在 HBase 的配置文件 hbase-site.xml 中添加以下参数以启用 HBase 的用户权限管理功能。

```
<property>
    <name>hbase.security.authorization</name>
    <value>true</value>
</property>

<property>
    <name>hbase.coprocessor.master.classes</name>
    <value>org.apache.hadoop.hbase.security.access.AccessController</value>
</property>

<property>
```

```
    <name>hbase.coprocessor.region.classes</name>
    <value>org.apache.hadoop.hbase.security.token.TokenProvider,org.apache
.hadoop.hbase.security.access.AccessController</value>
</property>

<!--设置管理员账号-->
<property>
    <name>hbase.superuser</name>
    <value>root,hbase,hadoop</value>
</property>
```

(2) 使用 hbase shell 查看命名空间，这里可以看到有两个命名空间。

```
> list_namespace
```

输出的信息如下。

```
NAMESPACE
default
hbase
2 row(s)
Took 0.0300 seconds
```

(3) 查看 default 命名空间下创建的表。

```
> list
```

输出的信息如下。

```
TABLE
emp
emp_bulk
2 row(s)
Took 0.0185 seconds
=> ["emp", "emp_bulk"]
```

(4) 创建 user01 用户，授予 default 命名空间的 RWXCA 权限。

```
> grant 'user01','RWXCA','@default'
```

(5) 创建 user02 用户，授予表 emp 的 RW 权限。

```
> grant 'user02','RW','emp'
```

(6) 创建 user03 用户，授予表 emp 的 R 权限。

```
> grant 'user03','R','emp'
```

【提示】

HBase 本身并不提供用户管理的功能，这里创建的 user01、user02 和 user03 都是使用操作系统的用户。

(7) 在进行测试之前，首先检查 default 命名空间和 emp 表的权限，如图 2-25 所示。

```
> user_permission '@default'
> user_permission 'emp'
```

```
hbase(main):001:0>
hbase(main):001:0> user_permission '@default'
User                          Namespace, Table, Family, Qualifier:Permission
 user01                       default,,,: [Permission: actions=READ, WRITE, EXEC, CREATE, ADMIN]
1 row(s)
Took 0.8773 seconds
hbase(main):002:0> user_permission 'emp'
User                          Namespace, Table, Family, Qualifier:Permission
 user03                       default, emp,,: [Permission: actions=READ]
 user02                       default, emp,,: [Permission: actions=READ, WRITE]
 root                         default, emp,,: [Permission: actions=READ, WRITE, EXEC, CREATE, ADMIN]
3 row(s)
Took 0.1300 seconds
hbase(main):003:0>
```

图 2-25　检查 HBase 的权限

【提示】

从图 2-25 可以看出，user01 对 default 的命名空间拥有读、写、执行、建表和管理的权限；user02 对表 emp 拥有读和写的权限；而 user03 对表 emp 只有读取的权限。

(8)　由于 HBase 本身并不提供用户管理功能，因此需要使用操作系统的用户进行测试。在操作系统中添加用户 user03，并使用 user03 登录 hbase shell。

```
useradd user03
chown -R user03 /root
sudo -u user03 /root/training/hbase-2.2.0/bin/hbase shell
```

(9)　向 emp 表中插入数据。

```
> put 'emp','e001','empinfo:name','Tom'
```

此时将输出如图 2-26 所示的报错信息。

```
hbase(main):003:0> put 'emp','e001','empinfo:name','Tom'

ERROR: org.apache.hadoop.hbase.security.AccessDeniedException: I
nsufficient permissions (user=user03, scope=default:emp, family=
empinfo:name, params=[table=default:emp,family=empinfo:name],act
ion=WRITE)

For usage try 'help "put"'

Took 0.0161 seconds
hbase(main):004:0>
```

图 2-26　插入数据报错

(10) 测试完成后需要恢复 root 的权限，命令如下。

```
chown -R root /root
```

四、备份 HBase 的数据

由于 HBase 的数据集可能非常大，因此备份 HBase 的难点就是备份方案必须有很高的效率。HBase 提供的备份方案能够满足数百 TB 的存储容量进行备份；同时又可以在一个合理的时间内完成数据恢复的工作。通过 HBase 提供的备份机制可以快速而轻松地完成 PB

级数据的备份和恢复工作。

HBase 提供的备份方案包括 Snapshots、Replication、Export/Import、CopyTable、HTable API 和 Offline backup of HDFS data。这里将重点介绍 Export/Import 和 CopyTable。

1. 使用 Export/Import 备份数据

HBase 的 Export/Import 工具是一个内置的实用功能，它可以很容易地将数据从 HBase 表导入 HDFS 目录下，整个 Export/Import 过程实质是一个 MapReduce 任务。该工具对集群来说是性能密集的，因为它使用了 MapReduce 和 HBase 客户端 API。但是它的功能丰富，支持指定版本或日期范围，支持数据的筛选，从而使增量备份可用。

Export 导出数据命令的格式如下。

```
hbase org.apache.hadoop.hbase.mapreduce.Export <table> <HDFS outputdir>
```

Import 导入数据命令的格式如下。

```
hbase org.apache.hadoop.hbase.mapreduce.Import <table> <inputdir>
```

下面使用 empbulk 表为例来进行演示。

(1) 查看 empbulk 表中的数据。

```
> scan empbulk
```

输出的信息如下。

```
ROW      COLUMN+CELL
 7369    column=info:deptno, timestamp=1649559894497, value=20
 7369    column=info:ename, timestamp=1649559894497, value=SMITH
 7369    column=info:hiredate, timestamp=1649559894497, value=1980/12/17
 7369    column=info:job, timestamp=1649559894497, value=CLERK
 7369    column=info:mgr, timestamp=1649559894497, value=7902
 7369    column=money:comm, timestamp=1649559894497, value=0
 7369    column=money:sal, timestamp=1649559894497, value=800
 7499    column=info:deptno, timestamp=1649559894497, value=30
…
```

(2) 使用 Export 命令导出表 empbulk 中的数据。

```
hbase org.apache.hadoop.hbase.mapreduce.Export \
empbulk hdfs://localhost:9000/hbase_export/empbulk
```

(3) 查看 HDFS 的目录/hbase_export/empbulk。

```
hdfs dfs -ls /hbase_export/empbulk
```

输出的信息如下。

```
Found 2 items
-rw-r--r-- ......    0 ...... /hbase_export/empbulk/_SUCCESS
-rw-r--r-- ...... 3991 ...... /hbase_export/empbulk/part-m-00000
```

【提示】

在 HDFS 的文件/hbase_export/empbulk/part-m-00000 中包含导出的数据，这是一个二进制文件，无法使用文本编辑器进行查看。

(4) 清空 empbulk 表中的数据。

```
> truncate 'empbulk'
```

(5) 使用 Import 命令重新导入表 empbulk 中的数据。

```
hbase org.apache.hadoop.hbase.mapreduce.Import \
empbulk hdfs://localhost:9000/hbase_export/empbulk
```

(6) 验证导入数据的结果。

```
> scan empbulk
```

输出的信息如下。

```
ROW     COLUMN+CELL
 7369   column=info:deptno, timestamp=1649559894497, value=20
 7369   column=info:ename, timestamp=1649559894497, value=SMITH
 7369   column=info:hiredate, timestamp=1649559894497, value=1980/12/17
 7369   column=info:job, timestamp=1649559894497, value=CLERK
 7369   column=info:mgr, timestamp=1649559894497, value=7902
 7369   column=money:comm, timestamp=1649559894497, value=0
 7369   column=money:sal, timestamp=1649559894497, value=800
 7499   column=info:deptno, timestamp=1649559894497, value=30
...
```

(7) 访问 Yarn 的 Web Console 控制台，可以观察到 Export/Import 后台执行的 MapReduce 任务信息，如图 2-27 所示。

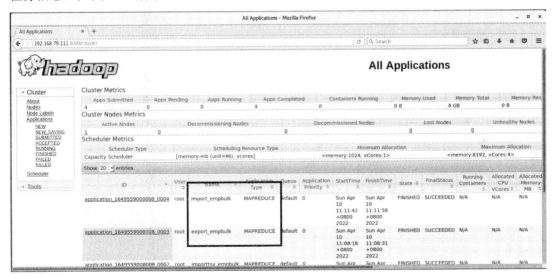

图 2-27　在 Yarn 上监控导出和导入

2. 使用 CopyTable 备份数据

和 Export/Import 功能类似，CopyTable 也是通过一个 MapReduce 任务从源表读取数据，并将其输出到 HBase 的另一张表中。这张表可以在本地集群，也可以在远程集群。CopyTable 是 HBase 提供的一个很有用的备份工具，主要用于集群内部表备份、远程集群备份、表数据增量备份、部分结构数据备份等。CopyTable 的命令格式如下。

```
hbase org.apache.hadoop.hbase.mapreduce.CopyTable \
        [general options] [--starttime=X] [--endtime=Y] \
        [--new.name=NEW] [--peer.adr=ADR] \
        <tablename | snapshotName>
```

下面通过具体的示例来演示如何使用 CopyTable。

(1) 查看当前 HBase 中的表信息。

```
> list
```

输出的信息如下。

```
TABLE
dept
emp
multiversion_table
students
testsnapshot_table
testsnapshot_table_new01
testsnapshot_table_new02
8 row(s)
Took 0.0356 seconds
=> ["dept", "emp", "multiversion_table",
"students", "testsnapshot_table",
"testsnapshot_table_new01", "testsnapshot_table_new02"]
```

(2) 查看 dept 表中的数据。

```
> scan 'dept'
```

输出的信息如下。

```
ROW   COLUMN+CELL
 10   column=info:dname, timestamp=1649559279468, value=SALES
 20   column=info:dname, timestamp=1649559283250, value=Development
 30   column=info:dname, timestamp=1649559287180, value=HR
3 row(s)
```

(3) 在 hbase shell 中创建一张新表。

```
> create 'newdept','info'
```

(4) 使用 CopyTable 复制 dept 表的数据，复制完成后验证表 newdept 中的数据。

```
hbase org.apache.hadoop.hbase.mapreduce.CopyTable \
--new.name=newdept dept
```

(5) 使用 CopyTable 完成集群间表的复制，例如将 dept 表复制到远端的 HBase 集群中。

```
hbase org.apache.hadoop.hbase.mapreduce.CopyTable \
--new.name=remotedept\
--peer.adr=远端 ZooKeeper 地址:2181:/hbase dept
```

(6) 使用 CopyTable 完成增量复制，例如通过 starttime 和 endtime 指定要备份的时间范围。

```
hbase org.apache.hadoop.hbase.mapreduce.CopyTable \
--starttime=<起始时间戳> --endtime=<结束时间戳> \
--new.name=deptnew dept
```

五、HBase 的计数器

当多个客户端同时访问 HBase 时，使用 HBase 提供的计数器可以防止资源竞争的问题。HBase 中的计数器可分为单计数器和多计数器两类。

(1) 单计数器。只能操作一个计数器，即表中的一列。操作时需要指定列族和列名，以及要增加的值。

(2) 多计数器。多计数器操作时一次可以更新多个计数器值，但是它们都必须属于同一条记录。如果需要更新多条记录的计数器需要使用独立的 API 调用。

1. 在 hbase shell 中使用计数器

计数器是不用进行初始化的，在第一次使用时会被自动设置为 0。通过 hbase shell 提供的命令可以直接操作计数器，这些命令包括：

(1) incr：增加计数器的值。增加的值可以是正数或者负数，正数代表加，负数代表减。默认步长是 1，也可为 0 表示不增加。

(2) get：以非格式化形式获取计数器的值。

(3) get_counters：以格式化形式获取计数器的值。

下面通过具体的步骤来演示如何使用 HBase 的计数器。

(1) 创建一个计数器。

```
> create 'counters','hits'
```

【提示】

从表现形式上看，计数器的本质就是一张表。这里创建的计数器用于保存网页的点击数。

(2) 单击网页 oracle.html，并使用计数器记一次数。

```
> incr 'counters','20220410','hits:oracle.html',1
```

输出的信息如下。

```
COUNTER VALUE = 1
```

(3) 再次单击网页 oracle.html，并使用计数器记一次数。

```
> incr 'counters','20220410','hits:oracle.html',1
```

输出的信息如下。

```
COUNTER VALUE = 2
```

(4) 单击网页 hbase.html，并使用计数器记一次数。

```
> incr 'counters','20220410','hits:hbase.html',1
```

输出的信息如下。

```
COUNTER VALUE = 1
```

(5) 获取网页 oracle.html 的点击数。

```
> get_counter 'counters','20220410','hits:oracle.html'
```

输出的信息如下。

```
COUNTER VALUE = 2
```

2. 在 Java API 中使用单计数器

HBase 单计数器的 Java API 主要通过 Table.incrementColumnValue 方法来完成，下面通过具体的示例来演示如何使用它。

（1）开发 Java 程序调用 HBase 单计数器，对 oracle.html 和 hbase.html 网页进行单击操作。

```
@Test
public void testSingleCounter() throws Exception {
    // 配置 ZooKeeper 的地址
    Configuration conf = new Configuration();
    conf.set("hbase.zookeeper.quorum", "localhost");

    // 创建一个连接
    Connection conn = ConnectionFactory.createConnection(conf);

    // 获取计数器表
    Table table = conn.getTable(TableName.valueOf("counters"));

    long counter1 = table.incrementColumnValue(
Bytes.toBytes("20220410"),
Bytes.toBytes("hits"),
Bytes.toBytes("oracle.html"),
1L);

    long counter2 = table.incrementColumnValue(
Bytes.toBytes("20220410"),
Bytes.toBytes("hits"),
Bytes.toBytes("hbase.html"),
1L);

    table.close();
    conn.close();
    System.out.println("oracle.html 计数器为: " + counter1);
    System.out.println("hbase.html 计数器为: " + counter2);
}
```

（2）执行程序，输出的结果如下。

```
oracle.html 计数器为: 4
hbase.html 计数器为: 3
```

3. 在 Java API 中使用多计数器

HBase 多计数器的 Java API 主要通过 Table.increment 方法来完成。该方法需要构建 Increment 实例，并且指定行键。下面通过具体的示例来演示如何使用它。

（1）开发 Java 程序调用 HBase 多计数器，对 oracle.html 和 hbase.html 网页进行单击操作。

```
@Test
public void testMultiCounter() throws Exception {
    // 配置 ZooKeeper 的地址
    Configuration conf = new Configuration();
    conf.set("hbase.zookeeper.quorum", "localhost");

    // 创建一个连接
    Connection conn = ConnectionFactory.createConnection(conf);

    // 获取计数器表
    Table table = conn.getTable(TableName.valueOf("counters"));

    Increment myincr = new Increment(Bytes.toBytes("20220410"));
    myincr.addColumn(Bytes.toBytes("hits"),
Bytes.toBytes("oracle.html"), 1);
    myincr.addColumn(Bytes.toBytes("hits"),
Bytes.toBytes("hbase.html"), 1);

    Result result = table.increment(myincr);
    for (Cell cell : result.rawCells()) {
        System.out.println("Cell: " + cell + " Value: "
                + Bytes.toLong(cell.getValueArray(),
                        cell.getValueOffset(),
                        cell.getValueLength()));
    }

    table.close();
    conn.close();
}
```

(2) 执行程序，输出的结果如下。

```
Cell:
20220410/hits:hbase.html/1649564679393/Put/vlen=8/seqid=0
Value: 9
Cell:
20220410/hits:oracle.html/1649564679393/Put/vlen=8/seqid=0
Value: 10
```

六、布隆过滤器

HBase 利用 Bloom Filter(布隆过滤器)来提高随机读的性能，即提高 get 操作的性能。布隆过滤器是一个列族级别的属性，通过参数 BLOOMFILTER 来设置，其默认值是'ROW'。在插入数据时，HBase 会在生成数据文件时包含一份布隆过滤器结构的数据信息。因此，布隆过滤器尽管可以提高随机读的性能，但是会浪费一定的存储和额外的内存开销。

1. 布隆过滤器的工作原理

布隆过滤器的本质就是通过 Hash 运算来判断随机读取的数据是否存在。布隆过滤器是一种空间效率很高的随机数据结构，或者说它是一个 n 位数组结构，该数组中每一个元素的初始值都是 0。当插入数据时，布隆过滤器会使用 k 个哈希函数将新插入的数据映射到该数组中的某一位上。如果这 k 个哈希函数映射到数组上的值都为 1，则认为该元素是存在的，如图 2-28 所示。

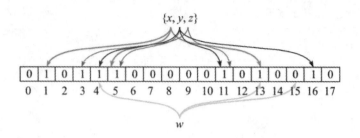

图 2-28　布隆过滤器的原理

要使用布隆过滤器判断数据是否存在，首先需要得到布隆过滤器串。布隆过滤器串生成的过程如下。

假设数组 array 一共有 18 位，在初始状态下每一位都是 0。

(1) 当插入数据 x 时，对 x 进行多次哈希运算。例如：

```
HASH_0(x)%N=1，HASH_1(x)%N=5，HASH_2(x)%N=13
```

【提示】

这里对 x 进行了 3 次哈希运算，得到的结果分别是 1、5、13。因此，将数组 array 的对应元素都设置为 1。此时输出的布隆过滤器字符串为 0100010000000010000。

(2) 当插入数据 y 时，对 y 进行多次哈希运算。例如：

```
HASH_0(y)%N=4，HASH_1(y)%N=11，HASH_2(y)%N=16
```

【提示】

这里对 y 进行了 3 次哈希运算，得到的结果分别是 4、11、16。因此，将数组 array 的对应元素都设置为 1。此时输出的布隆过滤器字符串为 0100110000001010010。

(3) 当插入数据 z 时，对 z 进行多次哈希运算。例如：

```
HASH_0(z)%N=3，HASH_1(y)%N=5，HASH_2(y)%N=11
```

【提示】

这里对 z 进行了 3 次哈希运算，得到的结果分别是 3、5、11。因此，将数组 array 的对应元素都设置为 1。此时输出的布隆过滤器字符串为 0101110000001010010。

当生成布隆过滤器串以后，就可以使用该串来判断随机查询数据时，数据是否存在了。假设要读取数据 w，则对 w 进行 3 次哈希运算。

```
HASH_0(w)%N=4
HASH_1(w)%N=13
HASH_2(w)%N=15
```

通过比对，布隆过滤器串中的第 15 位为 0，可以确认数据 w 肯定不在集合中；反之则在集合中。

2. HBase 中的布隆过滤器

由于布隆过滤器只需占用极小的空间，便可给出数据是否存在的判断。因此可以提前过滤掉很多不必要的数据块，从而节省了大量的磁盘 I/O。HBase 的随机读取操作 get 就是通过运用布隆过滤器来过滤大量无效的数据块，从而提高数据的访问效率的。在 HBase 中用户可以设置三种不同类型的布隆过滤器，分别如下。

(1) NONE：关闭布隆过滤器功能。例如：

```
> create 'BloomFilter1', {NAME => 'info', BLOOMFILTER => 'NONE'}
```

(2) ROW：按照 RowKey 来计算布隆过滤器的二进制串并存储，这也是 HBase 默认的布隆过滤器类型。例如：

```
> create 'BloomFilter2', {NAME => 'info', BLOOMFILTER => 'ROW'}
```

(3) ROWCOL：按照 RowKey+列族+列这 3 个字段来计算布隆过滤器值并存储。例如：

```
> create 'BloomFilter3', {NAME => 'info', BLOOMFILTER => 'ROWCOL'}
```

七、HBase 的主从复制

HBase 的主从复制方式是 master-push 方式，即主集群推送的方式。一个 HBase 主集群可以复制给多个 HBase 从集群，并且 HBase 的主从复制是异步的，从集群和主集群的数据不是完全一致的，但最终会达到数据一致性的要求。

HBase 主从复制的基本原理是主集群的 Region Server 会将 WAL 预写日志按顺序读取，并将读取的 WAL 日志的 offset 偏移量记录到 ZooKeeper 中；然后向从集群的 Region Server 发送请求读取 WAL 日志和 offset 偏移量信息。从集群的 Region Server 收到这些信息后，会使用 HBase 的客户端将这些信息写入表中，从而实现 HBase 的主从复制功能。

图 2-29 所示为 HBase 主从复制的整个过程。

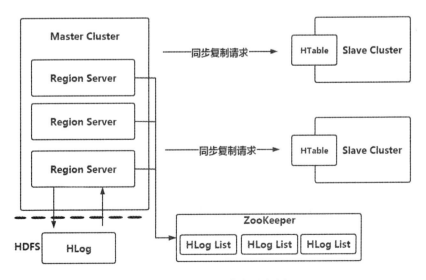

图 2-29　HBase 的主从复制

下面的步骤将演示如何配置 HBase 的主从复制，并进行简单的测试。

(1) 在 HBase 主集群和从集群上，修改 HBase 的配置文件 hbase-site.xml，将 hbase.replication 参数设置为 true。

```
<property>
    <name>hbase.replication</name>
    <value>true</value>
</property>
```

【提示】

默认情况下，HBase 的主从复制功能是关闭的。

(2) 重启 HBase 主集群和从集群。

(3) 在主集群和从集群上建立相同的表结构。

```
> create 'testtable','info'
```

(4) 在主集群上打开表 testtable 的 info 列族的复制特性。

```
> disable 'testtable'
> alter 'testtable',{NAME=>'info', REPLICATION_SCOPE=>'1'}
> enable 'testtable'
```

【提示】

REPLICATION_SCOPE 的默认值为 0，表示禁用该列族的复制功能。设置为 1 则表示启用该列族的复制功能。

(5) 在主集群上设定从集群的地址信息。

```
> add_peer '1', CLUSTER_KEY => "从集群 IP:2181:/hbase"
```

(6) 在主集群上操作 testtable 表插入数据，验证从集群上的 testtable 表是否也一起更新了。

任务二 使用 Phoenix 查询数据

【职业能力目标】

由于 HBase 是一个列式存储的 NoSQL 数据库，并不提供数据类型的支持。同时 HBase 本身并不支持二级索引的创建。因此在实际场景下，可以使用 HBase 的 SQL 接口，即 Phoenix 与 HBase 集成。

通过本任务的教学，学生理解相关知识之后，应达成以下能力目标。

(1) 安装部署 Phoenix，并与 HBase 集成。

(2) 使用 Phoenix 操作 HBase 中的数据。

【任务描述与要求】

● 任务描述

在 HBase 的基础上，安装和配置 Phoenix，并完成 Phoenix 与 HBase 的集成，使用 Phoenix 操作 HBase 中的数据。

● 任务要求

(1) 安装部署 Phoenix，并与 HBase 集成。

(2) 使用 Phoenix 操作 HBase 中的数据。

【知识储备】

一、Phoenix 简介

HBase 提供了列式存储的特性，并且通过 HBase 的命令和 API 能够很方便地操作表中的数据。但存在两个明显的问题：首先，HBase 没有数据类型。作为数据库系统，无论是关系型数据库还是 NoSQL 数据库，都应该支持不同的数据类型以方便数据的操作。而 HBase 中所有的数据默认都是以二进制的方式存储，并没有数据类型的概念。其次，HBase 不支持创建索引。HBase 中按照 RowKey 存储数据，因此按照 RowKey 检索表中的数据，性能必然是最好的。但是在很多场景下，需要按照其他的列查询数据。HBase 本身并不支持创建索引。

为了解决 HBase 存在的问题，引入了 Phoenix 组件，可以把它当成 HBase 的 SQL 引擎。Phoenix 的主要功能特性包括支持大部分 java.sql 接口、支持 DDL 语句和 DML 语句、支持事务、支持二级索引、遵循 ANSI SQL 标准。

二、安装和使用 Phoenix

Phoenix 与 HBase 的集成比较简单，下面介绍具体的步骤。

(1) 解压 Phoenix 安装包。

```
tar -zxvf apache-phoenix-5.0.0-HBase-2.0-bin.tar.gz -C /root/training/
```

（2）将 Phoenix 的 jar 包复制到$HBASE_HOME/lib 目录下。

```
cd /root/training/apache-phoenix-5.0.0-HBase-2.0-bin/
cp *.jar /root/training/hbase-2.2.0/lib/
```

（3）重启 HBase。

（4）启动 Phoenix 的客户端。

```
cd /root/training/apache-phoenix-5.0.0-HBase-2.0-bin/
bin/sqlline.py bigdata111:2181
```

输出的信息如下。

```
…
Connected to: Phoenix (version 5.0)
Driver: PhoenixEmbeddedDriver (version 5.0)
Autocommit status: true
Transaction isolation: TRANSACTION_READ_COMMITTED
Building list of tables and columns for tab-completion
(set fastconnect to true to skip)...
133/133 (100%) Done
Done
sqlline version 1.2.0
0: jdbc:phoenix:localhost:2181>
```

（5）在 Phoenix 中查看 HBase 的表。

```
!table
```

输出的信息如下。

```
+----------+------------+------------+---------------+......
| TABLE_CAT| TABLE_SCHEM | TABLE_NAME | TABLE_TYPE    |......
+----------+------------+------------+---------------+......
|          | SYSTEM     | CATALOG    | SYSTEM TABLE  |......
|          | SYSTEM     | FUNCTION   | SYSTEM TABLE  |......
|          | SYSTEM     | LOG        | SYSTEM TABLE  |......
|          | SYSTEM     | SEQUENCE   | SYSTEM TABLE  |......
|          | SYSTEM     | STATS      | SYSTEM TABLE  |......
+----------+------------+------------+---------------+......
```

【提示】

默认情况下，Phoenix 是无法查看 HBase 中已经存在的表，需要创建 HBase 表到 Phoenix 的映射。但是在 Phoenix 中创建新表，可以在 HBase 中查看。HBase 会自动将表名转成大写形式。

（6）使用 hbase shell 在 HBase 中创建一张新的表，并插入几条数据记录。

```
> create 'TABLE1','INFO','GRADE'
> put 'TABLE1','s001','INFO:NAME','Tom'
> put 'TABLE1','s001','INFO:AGE','24'
> put 'TABLE1','s001','GRADE:MATH','80'
> put 'TABLE1','s002','INFO:NAME','Mary'
```

【提示】

此时在 HBase 中创建的表名和列族名需要大写。

(7) 在 Phoenix 中创建视图映射到 HBase 的表 TABLE1。

```
> CREATE VIEW table1(pk VARCHAR PRIMARY KEY,
    info.name VARCHAR,
    info.age VARCHAR,
        grade.math VARCHAR);
```

(8) 在 Phoenix 中再次查看 HBase 的表。

```
!table
```

输出的信息如下。

```
+---------+------------+------------+--------------+......
| TABLE_CAT| TABLE_SCHEM | TABLE_NAME | TABLE_TYPE  |......
+---------+------------+------------+--------------+......
|         | SYSTEM      | CATALOG    | SYSTEM TABLE |......
|         | SYSTEM      | FUNCTION   | SYSTEM TABLE |......
|         | SYSTEM      | LOG        | SYSTEM TABLE |......
|         | SYSTEM      | SEQUENCE   | SYSTEM TABLE |......
|         | SYSTEM      | STATS      | SYSTEM TABLE |......
|         |             | TABLE1     | VIEW         |......
+---------+---------- --+------------+--------------+......
```

(9) 在 Phoenix 中执行 SQL 查询 table1 中的数据。

```
> select * from table1;
```

输出的信息如下。

```
+-------+------+------+-------+
| PK    | NAME | AGE  | MATH  |
+-------+------+------+-------+
| s001  | Tom  | 24   | 80    |
| s002  | Mary |      |       |
+-------+------+------+-------+
```

(10) 在 Phoenix 中创建一张新表 table2，并插入数据。

```
> create table table2(tid integer primary key,tname varchar);
> upsert into table2 values(1,'Tom');
> upsert into table2 values(2,'Mary');
```

(11) 在 HBase 中执行 hbase shell 查看表 table2 中的数据。

```
> scan 'TABLE2'
```

【提示】

此时表名需要大写。

输出的信息如下。

```
ROW                   COLUMN+CELL
\x80\x00\x00\x01 column=0:\x00\x00\x00\x00,timestamp=1649571979930,value=x
```

```
\x80\x00\x00\x01 column=0:\x80\x0B,timestamp=1649571979930,value=Tom
\x80\x00\x00\x02 column=0:\x00\x00\x00\x00,timestamp=1649571986405,value=x
\x80\x00\x00\x02 column=0:\x80\x0B,timestamp=1649571986405,value=Mary
2row(s)
```

三、Phoenix 与 HBase 的映射关系

Phoenix 是将 HBase 非关系型数据模型转换成关系型数据模型，表 2-4 所示为它们之间的对应关系。

表 2-4　Phoenix 与 HBase 的对应关系

模型	HBase	Phoenix
数据库	namespace	database
表	table	table
列族	column family	列
列	column	
值	value	key/value
行键	rowkey	主键

目前 Phoenix 已经支持关系型数据库的大部分语法，如 SELECT、DELETE、UPSERT、CREATE TABLE、DROP TABLE、CREATE VIEW、CREATE INDEX 等。

对于 Phoenix 来说，HBase 的 RowKey 会被转换成 Primary Key，Column Family 如果不指定则为 0。它们之间的映射关系如图 2-30 所示。

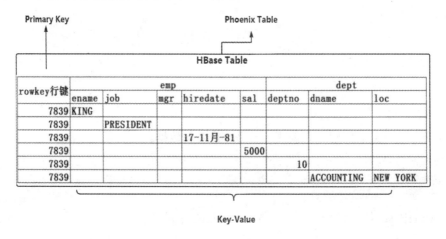

图 2-30　Phoenix 表与 HBase 表的映射关系

四、Phoenix 中的索引

使用二级索引应该是大部分用户引入 Phoenix 主要考虑的因素之一。由于 HBase 只支持 RowKey 上的索引，因此使用 RowKey 来查询数据可以很快定位到数据位置。但是在现实的需求中，往往查询的条件比较复杂，还可能组合多个字段查询。如果用 HBase 查询的

话只能全表扫描进行过滤，效率会很低。使用 Phoenix 的二级索引，除了支持 RowKey 外，还支持在其他字段创建索引，这样的索引就是二级索引，从而可以大幅提升查询效率。

1. 在 Phoenix 中使用 HBase 的二级索引

要使用 Phoenix 的二级索引功能，必须启用 HBase 支持可变索引的功能。需要修改 hbase-site.xml 文件，并加入以下参数。

```
<property>
  <name>hbase.regionserver.wal.codec</name>
  <value>org.apache.hadoop.hbase.regionserver.wal.IndexedWALEditCodec</value>
</property>
```

否则会出现下面的错误。

```
Mutable secondary indexes must have the hbase.regionserver.wal.codec
property set to
org.apache.hadoop.hbase.regionserver.wal.IndexedWALEditCodec in the
hbase-sites.xml of every region server.
```

Phoenix 支持多种索引类型，如覆盖索引、全局索引、局部索引、可变索引、不可变索引等。

2. 在 Phoenix 中创建不同的索引

下面通过具体的示例来演示如何在 Phoenix 中创建不同的索引，以及它们各自的作用。

1) Global Indexes：全局索引

全局索引适用于读多写少的场景。全局索引在写数据时会消耗大量的资源，所有对数据的增删改操作都会更新索引表；但全局索引的好处就是，在读多的场景下如果查询的字段用到索引效率会很高，因为可以很快定位到数据所在的具体结点 region 上。创建方式如下：

```
create index my_index002 on test001(v1);
```

如果执行 select v2 from test001 where v1='...'，实际上是用不到索引的，因为 v2 不在索引字段中，但对于全局索引来说，即使查询的字段不包含在索引表中，也会扫描主表。

2) Local Indexes：局部索引

与全局索引正好相反，局部索引适用于写多读少的场景。如果定义为局部索引，索引表数据和主表数据会放在同一个 Region Server 上，从而避免了写数据时跨节点带来的额外开销。

```
create local index my_index003 on test001(v1);
```

3) IMMutable Indexing：不可变索引

如果表中的数据只写一次，并且不会执行 Update 等语句，那么可以创建不可变索引。不可变索引主要在不可变表上创建。这种索引很适合一次写入多次读出的场景。不可变索引无需另外配置，默认支持。下面是创建不可变索引的方式。

① 创建不可变表

```
> create table test002(pk VARCHAR primary key,v1 VARCHAR, v2 VARCHAR)
IMMUTABLE_ROWS=true;
```

【提示】

不可变表是在创建表时指定 IMMUTABLE_ROWS 参数为 true，默认这个参数为 false。

② 在不可变表上创建不可变索引。

```
create index my_index004 on test002(v1);
```

4) Mutable Indexing：可变索引

顾名思义，在可变表上创建的索引是可变索引。当对数据进行 Insert、Update 或 Delete 操作时，同时更新索引，这种类型的索引就是可变索引。因为涉及到更新操作，更新数据的时候，也会同时更新 WAL 日志。为了保证可通过 WAL 来恢复主表和索引表数据，只有当 WAL 同步到磁盘时才会更新实际的数据。

3. 索引的案例分析

当在表上创建了索引以后，通过 SQL 的执行结果可以非常清楚地看到 SQL 语句执行的过程。这里通过一个完整的示例来演示具体的执行步骤。

(1) 在 Phoenix 中执行下面的脚本创建员工表和部门表。

```
> create table emp
(empno integer primary key,
ename varchar,
job varchar,
mgr integer,
hiredate varchar,
sal integer,
comm integer,
deptno integer);

> create table dept
(deptno integer primary key,
dname varchar,
loc varchar
);

> upsert into emp
values(7369,'SMITH','CLERK',7902,'1980/12/17',800,0,20);
> upsert into emp
values(7499,'ALLEN','SALESMAN',7698,'1981/2/20',1600,300,30);
> upsert into emp
values(7521,'WARD','SALESMAN',7698,'1981/2/22',1250,500,30);
> upsert into emp
values(7566,'JONES','MANAGER',7839,'1981/4/2',2975,0,20);
> upsert into emp
values(7654,'MARTIN','SALESMAN',7698,'1981/9/28',1250,1400,30);
> upsert into emp
values(7698,'BLAKE','MANAGER',7839,'1981/5/1',2850,0,30);
> upsert into emp
values(7782,'CLARK','MANAGER',7839,'1981/6/9',2450,0,10);
> upsert into emp
values(7788,'SCOTT','ANALYST',7566,'1987/4/19',3000,0,20);
> upsert into emp
values(7839,'KING','PRESIDENT',-1,'1981/11/17',5000,0,10);
```

```
> upsert into emp
values(7844,'TURNER','SALESMAN',7698,'1981/9/8',1500,0,30);
> upsert into emp
values(7876,'ADAMS','CLERK',7788,'1987/5/23',1100,0,20);
> upsert into emp
values(7900,'JAMES','CLERK',7698,'1981/12/3',950,0,30);
> upsert into emp
values(7902,'FORD','ANALYST',7566,'1981/12/3',3000,0,20);
> upsert into emp
values(7934,'MILLER','CLERK',7782,'1982/1/23',1300,0,10);

> upsert into dept values(10,'ACCOUNTING','NEW YORK');
> upsert into dept values(20,'RESEARCH','DALLAS');
> upsert into dept values(30,'SALES','CHICAGO');
> upsert into dept values(40,'OPERATIONS','BOSTON');
```

(2) 在 Phoenix 中执行下面的语句，并观察输出的 SQL 执行计划，如图 2-31 所示。

```
> explain select dept.deptno,dept.dname,sum(emp.sal)
from emp,dept
where emp.deptno=dept.deptno
group by dept.deptno,dept.dname;
```

PLAN	EST_BYTES_READ
CLIENT 1-CHUNK PARALLEL 1-WAY FULL SCAN OVER EMP	null
SERVER AGGREGATE INTO DISTINCT ROWS BY [DEPT.DEPTNO, DEPT.DNAME]	null
CLIENT MERGE SORT	null
PARALLEL INNER-JOIN TABLE 0	null
CLIENT 1-CHUNK PARALLEL 1-WAY ROUND ROBIN FULL SCAN OVER DEPT	null

5 rows selected (0.095 seconds)

图 2-31 多表查询的执行计划

【提示】

由于没有建立索引，在查询数据的时候需要执行 FULL SCAN 的全表扫描。

(3) 在员工表的 deptno 上创建索引。

```
> create index myindex_deptno_emp on emp(deptno);
```

(4) 在部门表上创建索引。

```
> create index myindex_deptno_dname_dept on dept(deptno) include(dname);
```

(5) 重新执行下面的语句，并观察输出的 SQL 执行计划。可以看到建立索引后，在查询数据的时候，将按照索引的方式进行查询，如图 2-32 所示。

```
> explain select dept.deptno,dept.dname,sum(emp.sal)
from emp,dept
where emp.deptno=dept.deptno
group by dept.deptno,dept.dname;
```

【提示】

从图 2-32 中可以看到，建立索引后，执行同样的查询语句时将按照索引来扫描数据。

```
                                        PLAN
CLIENT 1-CHUNK PARALLEL 1-WAY FULL SCAN OVER EMP
    SERVER AGGREGATE INTO DISTINCT ROWS BY ["MYINDEX_DEPTNO_DNAME_DEPT.:DEPTNO", "MYINDEX
CLIENT MERGE SORT
    PARALLEL INNER-JOIN TABLE 0
        CLIENT 1-CHUNK PARALLEL 1-WAY ROUND ROBIN FULL SCAN OVER MYINDEX_DEPTNO_DNAME_DEP
```

5 rows selected (0.092 seconds)

图 2-32　建立索引后的执行计划

五、在 Phoenix 中执行 JDBC

Phoenix 支持标准的 JDBC 访问方式，JDBC 是 Java 中的一套标准的接口，用于访问关系型数据库。下面通过一个具体的 JDBC 代码示例来演示如何通过 Java 的 JDBC 程序访问 Phoenix 中的数据。

(1) 在 Java IDE 工具中创建一个 Maven 工程，并添加下面的依赖。

```
<dependency>
    <groupId>org.apache.phoenix</groupId>
    <artifactId>phoenix-core</artifactId>
    <version>5.0.0-HBase-2.0</version>
</dependency>
<dependency>
    <groupId>org.apache.hadoop</groupId>
    <artifactId>hadoop-common</artifactId>
    <version>3.1.2</version>
</dependency>
```

(2) 开发 JDBCUtils 工具类用户获取 Phoenix 连接，并释放资源。

```
import java.sql.Connection;
import java.sql.DriverManager;
import java.sql.ResultSet;
import java.sql.SQLException;
import java.sql.Statement;

public class JDBCUtils {
    private static String driver = "org.apache.phoenix.jdbc.PhoenixDriver";
    //ZooKeeper 的地址
    private static String url = "jdbc:phoenix:192.168.79.111:2181";

    //注册驱动
    static {
        try {
            Class.forName(driver);
        } catch (ClassNotFoundException e) {
            e.printStackTrace();
        }
    }

    //获取数据库的连接
    public static Connection getConnection() {
        try {
            return DriverManager.getConnection(url);
```

```
        } catch (SQLException e) {
            e.printStackTrace();
        }
        return null;
    }


    //释放数据库的资源
    public static void release(Connection conn,Statement st,ResultSet rs) {
        //Statement 是 SQL 执行环境, 通过 connection 获取
        //ResultSet 查询的结果
        if(rs != null) {
            try {
                rs.close();
            } catch (SQLException e) {
                // TODO Auto-generated catch block
                e.printStackTrace();
            }finally {
                rs = null;
            }
        }
        if(st != null) {
            try {
                st.close();
            } catch (SQLException e) {
                // TODO Auto-generated catch block
                e.printStackTrace();
            }finally {
                st = null;
            }
        }
        if(conn != null) {
            try {
                conn.close();
            } catch (SQLException e) {
                // TODO Auto-generated catch block
                e.printStackTrace();
            }finally {
                conn = null;
            }
        }
    }
}
```

(3) 开发 Phoenix JDBC 主程序用于执行 SQL 语句。

```
import java.sql.Connection;
import java.sql.ResultSet;
import java.sql.Statement;

public class PhoenixDemo {

    public static void main(String[] args) {
        String sql = "select * from emp where deptno=30";

        Connection conn = null;
        Statement st = null;
```

```
        ResultSet rs = null;
        try {
            //获取连接
            conn = JDBCUtils.getConnection();
            //得到 SQL 的执行环境
            st = conn.createStatement();
            //执行 SQL
            rs = st.executeQuery(sql);
            while(rs.next()) {
                //姓名和薪水
                String ename = rs.getString("ename");
                double sal = rs.getDouble("sal");
                System.out.println(ename+"\t"+sal);
            }
        }catch(Exception ex) {
            ex.printStackTrace();
        }finally {
            JDBCUtils.release(conn, st, rs);
        }
    }
}
```

(4) 执行 PhoenixDemo 程序,输出的结果如图 2-33 所示。

图 2-33　执行 Phoenix JDBC 程序

【任务实施】

在掌握了 Phoenix 的安装部署以及完成与 HBase 的集成后,可以直接通过 Phoenix 查询分析 HBase 中的数据。

【提示】

在默认的情况下,Phoenix 不能直接查看 HBase 中的表。例如,HBase 中的订单表 ORDERS,需要创建视图关系的映射。

(1) 启动 Phoenix 的客户端。

```
bin/sqlline.py localhost:2181
```

(2) 在 Phoenix 中查看 HBase 的表。

```
0: jdbc:phoenix:localhost:2181> !table
```

输出的信息如图 2-34 所示。

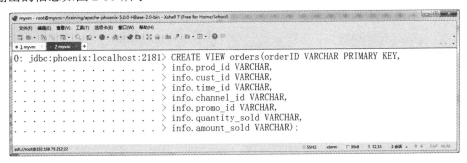

图 2-34　在 Phoenix 中查看 HBase 的表

(3)　在 Phoenix 中创建视图映射 HBase 的表 ORDERS。

```
0: jdbc:phoenix:localhost:2181> CREATE VIEW orders(
        orderID VARCHAR PRIMARY KEY,
        info.prod_id VARCHAR,
        info.cust_id VARCHAR,
        info.time_id VARCHAR,
        info.channel_id VARCHAR,
        info.promo_id VARCHAR,
        info.quantity_sold VARCHAR,
        info.amount_sold VARCHAR);
```

输出的信息如图 2-35 所示。

图 2-35　创建映射

(4)　在 Phoenix 中查询订单号为'order12345'的订单数据。

```
0: jdbc:phoenix:localhost:2181> select * from orders
                        where orderID='order12345';
```

输出的信息如图 2-36 所示。

(5)　再次查看 Phoenix 中创建的表信息。

```
0: jdbc:phoenix:localhost:2181> !tables
```

输出的信息如图 2-37 所示。

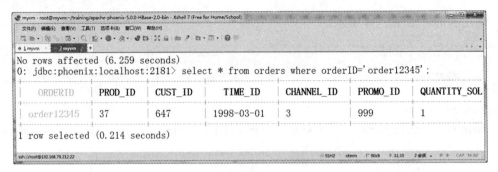

图 2-36　查询订单数据

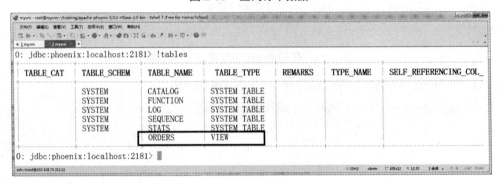

图 2-37　查看 Phoenix 中的表

(6)　启动 hbase shell，进入 HBase 的命令行工具。

```
hbase shell
```

(7)　查看 HBase 中的表的信息。

```
hbase(main):001:0> list
```

输出的信息如图 2-38 所示。

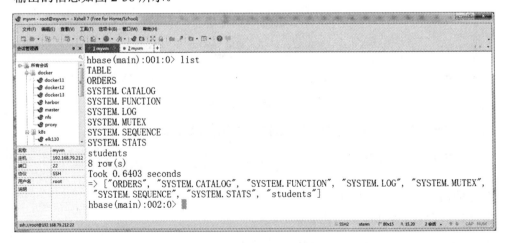

图 2-38　在 HBase 中查看表

【任务检查与评价】

完成任务实施后，进行任务检查与评价，具体的检查评价内容如表 2-5 所示。

表 2-5　任务检查评价表

项目名称	电商平台订单数据分析与处理			
任务名称	准备项目数据与环境			
评价方式	可采用自评、互评、教师评价等方式			
说明	主要评价学生在项目学习过程中的操作技能、理论知识、学习态度、课堂表现、学习能力等			
评价内容与评价标准				
序号	评价内容	评价标准	分值	得分
1	知识运用 (20%)	掌握相关理论知识，理解本次任务要求，制订详细计划，计划条理清晰，逻辑正确(20 分)	20 分	
		理解相关理论知识，能根据本次任务要求制订合理计划(15 分)		
		了解相关理论知识，有制订计划(10 分)		
		无制订计划(0 分)		
2	专业技能 (40%)	结果验证全部满足(40 分)	40 分	
		结果验证只有一个功能不能实现，其他功能全部实现(30 分)		
		结果验证只有一个功能实现，其他功能全部没有实现(20 分)		
		结果验证功能均未实现(0 分)		
3	核心素养 (20%)	具有良好的自主学习能力和分析解决问题的能力，整个任务过程中有指导他人(20 分)	20 分	
		具有较好的学习能力和分析解决问题的能力，任务过程中无指导他人(15 分)		
		能够主动学习并收集信息，有请教他人进行解决问题的能力(10 分)		
		不主动学习(0 分)		
4	课堂纪律 (20%)	设备无损坏，无干扰课堂秩序(20 分)	20 分	
		无干扰课堂秩序(10 分)		
		干扰课堂秩序(0 分)		

【任务小结】

在本任务中，学生需要安装部署 Phoenix，并与 HBase 集成；能使用 Phoenix 操作 HBase 中的数据。

本任务的思维导图如图 2-39 所示。

图 2-39　任务二思维导图

【任务拓展】

　　Phoenix 除了支持通过基本的 SQL 查询 HBase 中的数据外，还支持建立二级索引从而提高查询 HBase 中数据的效率。通过本任务的学习，请学生在 Phoenix 中尝试建立二级索引，并查看 SQL 的执行计划。

任务三　Elasticsearch

【职业能力目标】

Elasticsearch 是实时全文搜索和分析引擎，具有搜集、分析、存储数据三大功能，是一套可扩展的分布式系统。它构建于 Apache Lucene 搜索引擎库之上。

【任务描述与要求】

通过本任务的学习，学生应当掌握以下知识内容。

(1) 安装和部署 Elasticsearch 环境。

(2) 使用 curl 命令操作 Elasticsearch，包括添加文档、查询文档和删除文档。

【知识储备】

一、Elasticsearch 简介

Elasticsearch 是一个分布式、高扩展、高实时的搜索与数据分析引擎。它能很方便地使大量数据具有搜索、分析和探索的能力。充分利用 Elasticsearch 的水平伸缩性，能使数据在生产环境变得更有价值。Elasticsearch 的实现原理主要分为以下几个步骤，首先用户将数据提交到 Elasticsearch 数据库中，再通过分词控制器将对应的语句分词，将其权重和分词结果一并存入数据库，当用户搜索数据库时候，再根据权重将结果排名、打分，最后将返回结果呈现给用户。

Elasticsearch 是与名为 Logstash 的数据收集和日志解析引擎以及名为 Kibana 的分析和可视化平台一起开发的。这三个产品被设计成一个集成解决方案，称为 ElasticStack(以前称为 ELKstack)。

Elasticsearch 可用于搜索各种文档。它提供了可扩展的搜索，并支持多租户。Elasticsearch 是分布式的，这意味着索引可以被分成分片，每个分片可以有 0 个或多个副本。每个节点托管一个或多个分片，并充当协调器将操作委托给正确的分片。再平衡和路由是自动完成的。相关数据通常存储在同一个索引中，该索引由一个或多个主分片和 0 个或多个复制分片组成。一旦创建了索引，就不能更改主分片的数量。

Elasticsearch 使用 Lucene，并试图通过 JSON 和 Java API 提供其所有特性。它支持 facetting 和 percolating。另一个特性称为"网关"，处理索引的长期持久性。例如，在服务器崩溃的情况下，可以从网关恢复索引。Elasticsearch 支持实时 GET 请求，适合作为 NoSQL 数据存储，但缺少分布式事务。

二、Elasticsearch 与关系型数据库的对比

关系型数据库，如最常见的 MySQL、SQL Server，涉及这几种概念：数据库、表、行、列、Schema，还有 SQL 查询语句。Elasticsearch 也与关系型数据库如出一辙，只是叫法不同。在 Elasticsearch 中启动一个 Elasticsearch 实例，这个实例就相当于数据库，表在 Elasticsearch 中被称为索引 Index，行称为文档 Document，列称为字段 Field，Schema 被称为视图 Mapping，数据库中的查询语句 SQL 在 Elasticsearch 中有相应的 DSL 查询语句。

Elasticsearch 与关系型数据库的对应关系，如表 2-6 所示。

表 2-6　Elasticsearch 与关系数据库的对应关系

关系型数据库	Elasticsearch
Table	Index(Type)
Row	Document
Column	Field
Schema	Mapping
SQL	DSL

三、Elasticsearch 的节点

表 2-7 所示为 Elasticsearch 集群节点类型和参数说明。

表 2-7　Elasticsearch 集群节点类型和参数说明

节点类型	参数设置	描述
Master-eligible 节点	node.roles: [master]	具有 master 角色的节点，可参与 master 节点的选举，一旦成为 master 节点即可控制整个集群
Data 节点	node.roles: [data]	可以保存数据的节点，主要负责存放分片数据
Content data 节点	node.roles: [data content]	可以看作是数据前置处理转换的节点，支持 pipeline 管道设置，可以使用 ingest 对数据进行过滤、转换等操作，类似于 logstash 中 filter 的作用，功能相当强大
Ingest 节点	node.roles: [ingest]	用于执行 Transforms 和处理 transformAP 请求
Transform 节点	node.roles: [transform.remote cluster client]	作为跨集群客户端的节点连接远程的 ES 集群
Remote-eligible 节点	node.roles.[remote cluster client]	用来执行脚本和处理机器学习相关的 API 请求

续表

节点类型	参数设置	描述
Machine learning 节点	node.roles: [mlremote cluster client]	每个 node 都是一个 coordinating node。如果我们的节点不充当其他角色，那么它就是一个纯粹的 coordinating node，仅仅用于接收客户端的请求，同时进行请求的转发和合并
Coordinating only 节点	node.roles:[]	具有 master 角色的节点，可参与 master 节点的选举，一旦成为 master 节点即可控制整个集群

引用官网的一张图，图 2-40 是一个由 3 个节点 NODE1、NODE2 和 NODE3 构成的集群，每个节点就是一个 Elasticsearch 实例，即一个 Java 进程。集群是由一个或多个节点组成的，每个节点上可以有一个或多个分片(如 P1、P2、P0、R0、R1、R2)，其中分片又分为主分片(如 P1、P2、P0)和副本分片(R0、R1、R2)，而索引是指向一个或者多个物理分片的逻辑命名空间。

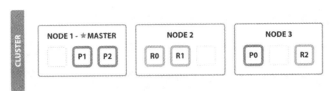

图 2-40　3 节点的 Elasticsearch 集群

四、Elasticsearch 中的核心概念

1. cluster

cluster 代表一个集群，集群中有多个节点，其中有一个为主节点，这个主节点可以通过选举产生，主从节点是对于集群内部来说的。Elasticsearch 的一个概念就是去中心化，字面上理解就是无中心节点，这是对于集群外部来说的，因为从外部来看 Elasticsearch 集群，在逻辑上是一个整体，它与任何一个节点的通信和与整个 Elasticsearch 集群通信是等价的。

2. shards

shards 代表索引分片，Elasticsearch 可以把一个完整的索引分成多个分片，这样做的好处是可以把一个大的索引拆分成多个，分布到不同的节点上，构成分布式搜索。分片的数量只能在索引创建前指定，并且索引创建后不能更改。

3. replicas

replicas 代表索引副本，Elasticsearch 可以设置多个索引副本，副本的作用一是提高系统的容错性，当某个节点某个分片损坏或丢失时可以从副本中恢复；二是提高 Elasticsearch 的查询效率，Elasticsearch 会自动对搜索请求进行负载均衡。

4. recovery

recovery 代表数据恢复或叫数据重新分布，Elasticsearch 在有节点加入或退出时会根据机器的负载对索引分片进行重新分配，挂掉的节点重新启动时也会进行数据恢复。

5. river

river 代表 Elasticsearch 的一个数据源，也是其他存储方式(如数据库)同步数据到 Elasticsearch 的一个方法。它是以插件方式存在的一个 Elasticsearch 服务，通过读取 river 中的数据并把它索引到 Elasticsearch 中。官方的 river 有 couchDB、RabbitMQ、Twitter、Wikipedia。

6. gateway

gateway 代表 Elasticsearch 索引快照的存储方式，Elasticsearch 默认是先把索引存放到内存中，当内存满了时再持久化到本地硬盘。gateway 对索引快照进行存储，当这个 Elasticsearch 集群关闭再重新启动时就会从 gateway 中读取索引备份数据。Elasticsearch 支持多种类型的 gateway，有本地文件系统(默认)，分布式文件系统，Hadoop 的 HDFS 和 amazon 的 s3 云存储服务。

7. discovery.zen

discovery.zen 代表 Elasticsearch 的自动发现节点机制，Elasticsearch 是一个基于 P2P 的系统，它先通过广播寻找存在的节点，再通过多播协议来进行节点之间的通信，同时也支持点对点的交互。

8. Transport

Transport 代表 Elasticsearch 内部节点或集群与客户端的交互方式，默认内部是使用 TCP 协议进行交互，同时它支持 HTTP(json 格式)、thrift、servlet、memcached、zeroMQ 等的传输协议(通过插件方式集成)。

五、安装 Elasticsearch

Elasticsearch 单节点的安装比较简单。首先安装 JDK，然后直接解压 Elasticsearch 安装包，即可启动。

【提示】

一定注意，安装 Elasticsearch 的时候不能使用 root 用户。

Elasticsearch 启动成功后，可以通过使用 curl 命令访问 9200 端口进行测试，如图 2-41 所示。

```
[elk@elk training]$ curl localhost:9200
{
  "name" : "UmaDPOd",
  "cluster_name" : "elasticsearch",
  "cluster_uuid" : "6hYIx22qSXOfGeXIHeX7ig",
  "version" : {
    "number" : "6.8.7",
    "build_flavor" : "default",
    "build_type" : "tar",
    "build_hash" : "c63e621",
    "build_date" : "2020-02-26T14:38:01.193138Z",
    "build_snapshot" : false,
    "lucene_version" : "7.7.2",
    "minimum_wire_compatibility_version" : "5.6.0",
    "minimum_index_compatibility_version" : "5.0.0"
  },
  "tagline" : "You Know, for Search"
}
```

图 2-41　测试 Elasticsearch

【任务实施】

下面通过具体的步骤来演示如何使用 Elasticsearch 添加文档和查询文档。

1. 添加文档

(1)　指定 id 添加基本文档。

```
[elk@bigdata111 ~]$ curl -H 'Content-Type: application/json' -XPUT \
'http://bigdata111:9200/library/books/1' -d '{
    "title": "this is es book",
    "name": {
        "first": "lao",
        "last": "six"
    },
    "publish_date": "2000-02-02",
    "price": 199.9
}'
```

(2)　不指定 id 添加基本文档。

```
[elk@bigdata111 ~]$ curl -H 'Content-Type: application/json' -XPOST \
'http://bigdata111:9200/library/books?pretty' -d '{
    "title": "this is es book",
    "name": {
        "first": "lao",
        "last": "wang"
    },
    "publish_date": "2001-02-03",
    "price": 299.9
}'
```

(3)　指定属性 op_type 添加文档。

```
[elk@bigdata111 ~]$ curl -H 'Content-Type: application/json' -XPUT \
'http://bigdata111:9200/library/books/1?op_type=create' -d '{
    "title": "this is es book",
    "name": {
```

```
            "first": "lao",
            "last": "sun"
        },
        "publish_date": "2000-03-04",
        "price": 200.9
}'
```

【提示】

op_type=create 表示不存在就创建，存在就报错，等价于_create。

(4) 指定属性_create 添加文档。

```
[elk@bigdata111 ~]$ curl -H 'Content-Type: application/json' -XPUT \
'http://bigdata111:9200/library/books/3/_create' -d '{
    "title": "this is es book",
    "name": {
        "first": "lao",
        "last": "sun"
    },
    "publish_date": "2000-04-05",
    "price":300
}'
```

(5) 覆盖文档操作。

```
[elk@bigdata111 ~]$ curl -H 'Content-Type: application/json' -XPUT \
'http://bigdata111:9200/library/books/3?pretty' -d '{
    "title": "this is java book",
    "name": {
        "first": "li",
        "last": "jun"
    },
    "publish_date": "1998-09-08",
    "price": 34.5
}'
```

(6) 指定属性 routing 添加文档。

```
[elk@bigdata111 ~]$ curl -H 'Content-Type: application/json' -XPUT \
 'http://bigdata111:9200/library/books/2?routing=this' -d '{
    "title": "this is routing",
    "name": {
        "first": "sun",
        "last": "qiang"
    },
    "publish_date": "1889-08-08",
    "price": 78.3
}'
```

(7) 指定属性 timeout 添加文档。

```
[elk@bigdata111 ~]$ curl -H 'Content-Type: application/json' -XPUT \
'http://bigdata111:9200/library/books/4?timeout=5m' -d '{
    "title": "this is timeout",
    "name": {
        "first": "sun",
```

```
        "last": "wang"
    },
    "publish_date": "1999-08-07",
    "price": 2000
}'
```

2. 查询文档

(1) 指定 id 查询文档。

```
[elk@bigdata111 ~]$ curl -XGET 'bigdata111:9200/library/books/1?pretty'
```

(2) 指定获取的具体字段。

```
[elk@bigdata111 ~]$ curl -XGET \
'http://bigdata111:9200/library/books/1?_source=price&pretty'
```

(3) 查询多个 id。

```
[elk@bigdata111 ~]$ curl -H 'Content-Type: application/json' -XGET \
'http://bigdata111:9200/_mget?pretty' -d '{
    "docs": [
        {
            "_index": "library",
            "_type": "books",
            "_id": 1
        },
        {
            "_index": "library",
            "_type": "books",
            "_id": 2
        }
    ]
}'
```

(4) 查询多个 id 和字段。

```
[elk@bigdata111 ~]$ curl -H 'Content-Type: application/json' -XGET \
'http://bigdata111:9200/_mget?pretty' -d '{
    "docs": [
        {
            "_index": "library",
            "_type": "books",
            "_id": 1,
            "_source": [
                "title", "price"
            ]
        },
        {
            "_index": "library",
            "_type": "books",
            "_id", 3
        }
    ]
}'
```

(5) 查询多个 id。

```
[elk@bigdata111 ~]$ curl -H 'Content-Type: application/json' -XGET \
'http://bigdata111:9200/library/books/_mget?pretty' -d '{
    "ids": ["1", "2"]
}'
```

【任务检查与评价】

完成任务实施后,进行任务检查与评价,具体的检查评价内容如表2-8所示。

表2-8 任务检查评价表

项目名称	电商平台订单数据分析与处理			
任务名称	准备项目数据与环境			
评价方式	可采用自评、互评、教师评价等方式			
说明	主要评价学生在项目学习过程中的操作技能、理论知识、学习态度、课堂表现、学习能力等			
评价内容与评价标准				
序号	评价内容	评价标准	分值	得分
1	知识运用 (20%)	掌握相关理论知识,理解本次任务要求,制订详细计划,计划条理清晰,逻辑正确(20分) 理解相关理论知识,能根据本次任务要求制订合理计划(15分) 了解相关理论知识,有制订计划(10分) 无制订计划(0分)	20分	
2	专业技能 (40%)	结果验证全部满足(40分) 结果验证只有一个功能不能实现,其他功能全部实现(30分) 结果验证只有一个功能实现,其他功能全部没有实现(20分) 结果验证功能均未实现(0分)	40分	
3	核心素养 (20%)	具有良好的自主学习能力和分析解决问题的能力,整个任务过程中有指导他人(20分) 具有较好的学习能力和分析解决问题的能力,任务过程中无指导他人(15分) 能够主动学习并收集信息,有请教他人进行解决问题的能力(10分) 不主动学习(0分)	20分	
4	课堂纪律 (20%)	设备无损坏,无干扰课堂秩序(20分) 无干扰课堂秩序(10分) 干扰课堂秩序(0分)	20分	

【任务小结】

在本任务中，学生需要会安装和部署 Elasticsearch 环境，能使用 curl 命令操作 Elasticsearch，包括添加文档、查询文档和删除文档。

【任务拓展】

Elasticsearch 作为一款优秀的数据检索工具，可以与 HDFS 和 HBase 集成，并完成数据的检索。请尝试以下的功能特性。

(1) 集成 Elasticsearch 与 HDFS。

(2) 集成 Elasticsearch 与 HBase。

参 考 文 献

[1] 赵渝强. 大数据原理与实战[M]. 北京：中国水利水电出版社，2022.

[2] 杨力. 大数据 Hive 离线计算开发实战[M]. 北京：人民邮电出版社，2020.

[3] 胡争，范欣欣. HBase 原理与实践[M]. 北京：机械工业出版社，2019.

[4] 赵建亭. Elasticsearch 权威指南[M]. 北京：清华大学出版社，2020.